海的女儿
黄文中作品

醉人深秋
刘东作品

孙力民 著

中国友谊出版公司

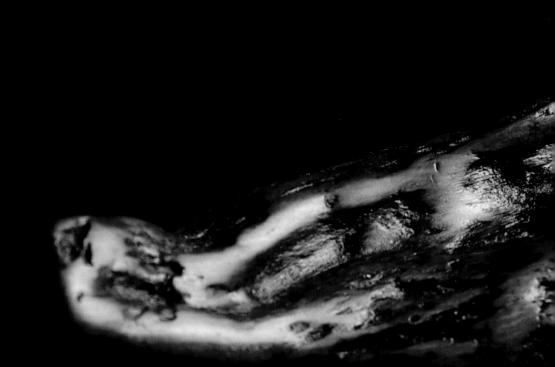

宝贝

刘东作品

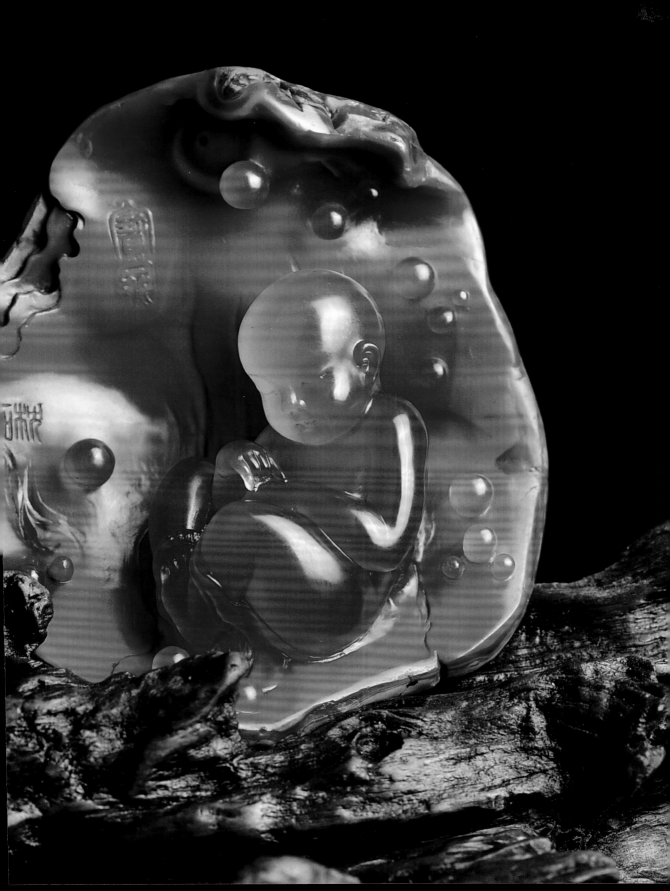

目录

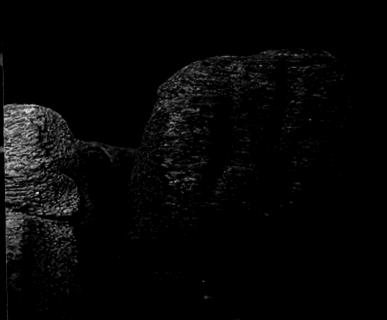

化蝶
罗光明作品

第一章

中国玉文化

玉琮
新石器时代·良渚文化
现藏浙江省博物馆

　　中华文明是世界上唯一有着数千年玉文化的文明，自新石器时代开始绵延至今。西方人将中国称之为"玉的国度"。玉文化不仅是中国传统文化的一部分，更与中国人的生活习俗连带在一起，在中国文明发展史上起着不可替代的作用，它承载着中国人的精神寄托与追求。

　　中国人对玉的认识是一个逐渐发展的过程，我们的祖先从生活劳动的实践中把质地比一般石材更细腻坚硬、有光泽、略透明的彩石视为美石，认为这些美石是上天赐予的，它们有着通神功能，遂将这些充满神秘感的"美石"加以崇拜和佩戴，以祈求上天的保佑。汉代许慎在《说文解字》中写道："玉，石之美者。"这言简意赅的阐释，精准地概括了中国人对大自然赐予的理解以及对美的追求。

一 玉文化的发展历史

中华民族玉文化的历史源远流长。根据考古发现：1983年在辽宁省海城市孤山镇孤山村东青云山脚发掘的仙人洞人类洞穴遗址中，出土了距今约1.2万年前的3件透闪石玉砍斫器。经过两年的研究，结果表明小孤山仙人洞遗址出土的新石器时代的3件透闪石古玉器原料产自辽宁岫岩。因此，这3件透闪石古玉器成为迄今为止中国发现的最早的玉器。由此推定，中华民族早在1.2万年以前，就进入了玉、石共用的时代，中国玉文化的起源也应该在距今约一万多年前的史前新石器时代。

20世纪80年代初，经过较大规模发掘的内蒙古赤峰市敖汉旗宝国吐乡兴隆洼文化遗址，出土玉玦、玉斧等玉器，经过对这些玉器的研究，让我们了解到约8000年前的兴隆洼先民们已经有了鉴识、选择、加工玉材的纯熟技艺，为我们探讨中国玉文化的源流提供了确凿的实证。

在旧石器时代，人们还缺乏甄别玉与石的能力，所以生产工具中就夹杂着许多以玉石为材料制成的，基本处于玉、石混用阶段。到了新石器时代，人类经过长期的实践总结，能够以

玉猪龙
新石器时代后期·红山文化
现藏中国国家博物馆

玉龙
新石器时代后期·红山文化
现藏中国国家博物馆

玉料的质感、纹理、韧性、声音来判别质量的优劣，所用玉料
多是就地取材，比如良渚文化玉材多为透闪石、阳起石，少数
为蛇纹石；红山文化玉材多是辽宁岫岩县细玉沟透闪石之类；
齐家文化玉材有甘肃、青海本地的玉，还有新疆和田玉等等。
这个时期，玉的用途也从生产工具转变为在宗教、祭祀、礼仪、
佩饰等社会生活中起特殊作用的物品。

　　我们鉴赏中国的玉器，首先要了解中华民族的玉文化发展
史。目前，学术界基本将中国的玉文化历史分为三个阶段，即：
神玉时期、王玉时期和民玉时期。

神玉时期是指从新石器时代到夏代前的这段历史。具有代表性的有黄河上游地区的齐家文化，中、下游地区的仰韶文化、龙山文化；长江中下游地区的河姆渡文化、马家浜文化、崧泽文化、良渚文化。北方地区，则以辽宁一带的红山文化等为代表。

王玉时期是指从夏代到唐末近 3000 年的这段历史。夏朝作为原始社会解体后成立的第一个王朝，开创王权玉器之先河，此后玉器走下神坛，充当王权的工具。到了五代十国，延续近 3000 年的王玉时期结束，玉开始走向民间，玉的民俗化时代拉开了序幕。

民玉时期是指宋代以后的时期。初时，用玉出现"双轨制"，帝王宗法用玉依然如故，民间生活用玉闪亮登场。清代是古代玉器史上最为繁荣昌盛的时代，也是玉文化发展的顶峰期。此时玉器已经被运用到生活的各个方面，以陈设品和佩饰最多。

古之君子必佩玉，《诗经·秦风·小戎》有"言念君子，温其如玉"之言，把玉比喻为君子之美德。孔子崇尚周代礼制，将玉器人格化，据《礼记》记载，孔子认为玉有十一德：仁、义、礼、智、信、天、地、道、德、忠、乐。从孔子的"十一德说"开始，之后战国则有管仲的"九德说"、荀子的"七德说"；到了东汉，许慎将"玉德说"进一步高度概括、归纳为简洁的五德：仁、义、智、勇、洁，他在《说文解字》中解释："玉，石之美者，有五德，润泽以温，仁之方也。䚡理自外，可以知中，义之方也；其声舒扬，专以远闻，智之方也；不桡而折，勇之方也；锐廉而不忮，洁之方也。"玉被人格化后，人的美德被寄寓其中，进而衍化为中国人为官和为人处世的标准。"夫昔者，君子比德于玉焉，温润而泽，仁也。"（《礼记·聘义》）"君子无故，玉不去身。"（《礼记·玉藻》）人们将情感寄寓在含而不露的美玉身上，玉成为美好事物的代名词。描述男子是

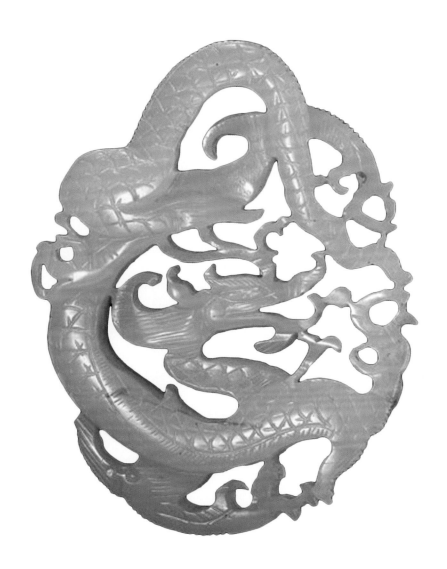

宋·云龙佩
现藏中国国家博物馆

元·山石卧虎摆件

现藏中国国家博物馆

"玉树临风"；形容女子是"亭亭玉立""玉容"；婚嫁称"金玉良缘"；美酒称"琼浆玉液"等。中国人尊玉、赏玉、爱玉、佩玉、玩玉、藏玉历史悠久，已渗透到我们日常生活中的方方面面，代表和体现了中华民族的人文精神。中国玉文化以悠久的历史、独特的底蕴，在中国文化史中占有极其重要的地位，具有深远的历史意义。

二 昆山之玉

中国是爱玉之国，崇玉之邦。根据珠宝玉石国家标准，天然玉石的定义是：由自然界产出的，具有美观、耐久、稀少和工艺价值的矿物集合体，少数为非晶质体。玉按硬度大体可分为以下几种：硬度高于 7 的硬玉，硬度为 7 的石英岩玉和硬度低于 7 的其他玉种。在中国，硬玉就是指翡翠，硬度为 7 的石英岩玉包括东陵石、碧玉、贵翠等，硬度低于 7 的玉种包括我们常说的软玉、独山玉、绿松石、青金石等，其中软玉就是以新疆和田玉为代表包括产自青海和辽宁岫岩等地的透闪石玉。

中国玉石产地约有百余处，但在历史长河中经过文化的积淀和时间的筛选，新疆的"和田玉"、河南南阳的"独山玉"、湖北郧县等地的"绿松石"以及辽宁岫岩的"岫玉"被称为中国四大名玉。

"昆山之玉"也就是"和田玉"，位居中国四大名玉之首。

清·螭衔灵芝双耳洗
现藏中国国家博物馆

商·跪坐玉人
现藏中国国家博物馆

这种玉主要分布在新疆的莎车——塔什库尔干、和田——于田、民丰——且末一带绵延 1000 多千米内的昆仑山北坡，共有九个产地，是有名的软玉石品种。《史记·大宛列传》："汉使穷河源，河源出于阗，其山多玉石。"《汉书·西域传》中："莎车国有铁山，出青玉。"这都是对新疆和田玉的早期史料记载。从殷商时期开始，和田玉就进入了中原。和田玉从新疆经过甘肃、陕西，甚至走山西才能运抵今天的河南，路途漫长，尤显珍贵。汉朝张骞出使西域后，和田玉大量进入中原，成为玉器制作的首选材料，并成为中国玉文化的象征。汉代文学家东方朔的《海内十洲记》曾誉和田玉为"白玉之精"，历代进贡皇帝的西域玉石，多取自这种和田白玉之上品。《旧唐书·西域传》称于阗国"出美玉……贞观六年，遣使献玉带，太宗优诏答之"。《明史·西域传》称于阗"其国东有白玉河，西有绿玉河，又西有黑玉河，源皆出昆仑山。土人夜视月光盛处，入水采之，必得美玉"。这里所说的于阗，即今和田。明末宋应星所著的《天工开物》一书的《珠玉》卷中，对和田玉的历史、特点、采法等等都作了生动的描述。

说到玉文化，不能不讲"和氏璧"的故事。关于和氏璧的最早记载，见于《韩非子》、《新序》等古籍，相传琢玉能手卞和在湖北荆山发现此玉，初不为人知，后被楚文王赏识，琢磨成器，命名为和氏璧，方成为传世之宝。春秋战国之际，几国征战，几经流落，最后归秦，传说和氏璧由秦始皇改制成玉玺。秦灭后，此玉玺归于汉刘邦。得传国玉玺者得天下，这"和氏璧"一直在皇帝的手中流转，至五代时，天下大乱，流传的玉玺不知下落……和氏璧是中国历史上著名的美玉，从春秋到五代，前后历经了1600多年，20多个朝代，才消失在历史的长河中，足以看出美玉对中国历史文化的影响是多么的深远！

和氏璧是一个谜，并且极富传奇色彩，2000多年来的历史文献中，有许多关于它的记载和传说，也有许多文人墨客作诗文吟咏。同时，在中国的文学和历史著作中，很多著作都以"玉"作为重要的内容加以论述，清代中期文学家曹雪芹写的《红楼梦》就是一部与玉关系密切的著作。此书原名《石头记》，作者从一块"通灵宝玉"引出一段贾宝玉和林黛玉的爱情悲剧，从而反映了封建社会的一个侧面。小说中有许多人物以玉字和玉字偏旁的字来命名，有贾宝玉、林黛玉、妙玉等等。全书中"玉"字用了5000多个，平均每章回就有70多个"玉"字。可以这样说，一个"玉"字贯穿了整部小说，说《红楼梦》就是一部"玉"文化的演义似乎并不为过。

中国玉文化是伴随着玉器的生产而产生的，在上万年的发展演变过程中，形成了自己独特的体系，又通过礼学家的诠释美化，逐渐被赋予了越来越多的文化内涵，成了人们不可或缺的精神寄托。玉已深深地融入到中国传统文化与礼俗之中，发挥着其他工艺美术品不能替代的作用，并打上了政治、宗教、道德的烙印，蒙上了一层使人难以揭开的神秘面纱。

特别值得一提的是，在新中国成立初期，中国文字改革委员会在文字简化改革中，将繁体的"國"字简化为我们现在所用的"国"字，方框中加个"玉"字，中国汉字简化改革机构为什么这样改，必然有其修改的依据。我认为主要依据是中国的玉文化，因为它是中华民族的文化，它是中国自有的一种特殊文化，横贯数千年恒久不断。"国中有玉"这就形象地表明：玉是中国之魂，中国的玉文化就是中华民族的文化之魂，坚强而美丽。

三 玉石玛瑙

玛瑙作为美丽、幸福、吉祥、富贵的象征，千百年来对人类一直保持着神秘的吸引力。

玛瑙的英文名称为 Agate，源出希腊文中的拉丁词，是拉丁文中西西里的阿盖特河（Achates river）的名称。公元前 4~3

世纪左右，古希腊学者泰奥弗拉斯托斯（Theophrastus）在意大利西西里岛的阿盖特（Achates）河岸首次发现了玛瑙，故以此河命名之。

在我国古代的历史文献中，有关玛瑙的记载很多。汉代以前的史书，玛瑙被称为"琼玉"或"赤玉"。佛教传入中国后，这种因纹彩似马脑的琼玉或赤玉才被改称为"玛瑙"。玛瑙一词出自佛经，梵语本称"阿斯玛加波"，意为"马脑"。玛瑙是石还是玉的争论在中国持续了千年之久，三国时魏人张揖所撰《广雅》中有"玛瑙石次玉"和"玉赤首琼"之说；后来东晋王嘉所著《拾遗记》中认为它是"石类也"；明人曹昭在《格古要论》里又说它"非石非玉"。直到明朝以后，大多数人才认为它是玉器原料，这个争论才算尘埃落定。

玛瑙制品在中国的古诗词中也多被提及，最早见于南北朝的诗中"玉羁玛瑙勒，金络珊瑚鞭"（梁·何逊）。唐诗中有孟浩然的"绮席卷龙须，香杯浮玛瑙"。杜甫的"春酒杯浓琥珀薄，冰浆碗碧玛瑙寒"。北宋则有苏轼的"碧玉碗盛红玛瑙，井华水养石菖蒲"等等。古代诗词中的"玛瑙"多是指一些玛瑙饰品和玛瑙酒器，可见在当时，玛瑙已经走入人们的日常生活中。

在宝玉石范畴里，玛瑙属于中低档玉石类。玛瑙是非均质矿物集合体，由隐晶质石英组成，其主要成分为二氧化硅，硬度为6.5~7，油脂光泽至玻璃光泽，透明至半透明，无解理，贝壳状断口，有裂纹。玛瑙因含色素离子和杂质所以颜色非常丰富，多见红、蓝、绿、紫、黑等色，有"千种玛瑙万种玉"之说，且有同心状、层状、斑纹状各样花纹。玛瑙的种类有很多，如南红玛瑙、风景玛瑙、缠丝玛瑙、戈壁玛瑙、水胆玛瑙等。

还有一种与玛瑙非常类似的玉石叫玉髓，玛瑙和玉髓均为隐晶质石英，矿物学中统称为玉髓。宝石界将其中具有纹带构

唐·镶金兽首玛瑙杯
现藏陕西历史博物馆

造、隐晶质块体石英称为玛瑙，玛瑙具有各种颜色的环带条纹。如果块体无纹带构造则称玉髓。也就是说，玛瑙和玉髓的区别在于玛瑙隐晶质，有明显的条带状纹理、玻璃光泽；而玉髓是隐晶质，没有条带状纹理、玻璃到油脂光泽。简单的区别就在于是否有纹带花纹。

世界上玛瑙产地较为广泛，遍及东南亚、欧洲及南美、北美等地。我国玛瑙产地也较多，云南、四川、甘肃、内蒙古、东北等地都有出产。其中，以云南、四川、甘肃所产质量为上乘。

西安何家村唐代窖藏出土的一件兽首玛瑙杯，如今陈列在陕西历史博物馆里。这件兽首玛瑙杯由一块罕见的红色缠丝玛瑙雕琢而成，采用圆雕技法，造型写实、生动，"依色取巧，随形变化"。它是至今所见唐代唯一的一件俏色玉雕，也是存世唐代玉器做工最精湛的一件，在我国是绝无仅有的。这件玛瑙杯的产地在目前学术界仍有争议，但其造型是西方一种叫"来通"的酒具却成为专家学者的共识。"来通"是希腊语的音译，有流出的意思，大多被做成兽角形，常用于礼仪和祭祀活动。这种造型的酒具在中亚、西亚，特别是萨珊波斯（今伊朗）十分常见，在中亚等地的壁画中也有显现。同时，这件佳作也可在《唐书·德宗纪》里"倭国献玛瑙，大如王斗器"的记载中觅得踪迹。由此可见，当时的玛瑙器物，无论中外都是难得的奢侈品。

在古代，玛瑙仅供皇室贵族所用。元史《百宫志》载：至元十二年在工部下设玛瑙玉局，后来又将局升格为"提举司"。明清两代存世至今的玛瑙珍品更是屡见不鲜，如北京故宫博物院清宫旧藏中的玛瑙单螭耳杯，杯为花玛瑙质地，灰白色玛瑙中有黄褐色斑纹。底部琢阴线 "乾隆年制"四字隶书款。此玛瑙杯的形制为明代的制式，雕琢技法为明代琢玉技法，款识应为清乾隆年间后刻。

古人把红色的玛瑙称为赤玉或赤琼，玛瑙因含铁离子呈现红色。读张增琪先生著的《滇国与滇文化》，就知道古滇国的墓葬中玛瑙饰物出土很多，有红玛瑙、白玛瑙、浅红色缠丝玛瑙，大多半透明，玻璃光泽，有不同的式样，由此可以看出当时滇人就使用红玛瑙了。在中国，红色代表着热情、勤奋、能量和爱情，象征着幸运和快乐。红色起源于古代人对太阳神的崇拜，寄托着人们渴望安定、幸福和辟邪消灾的期盼。所以，中国人自古以来最喜欢红色，人生三大喜事中的结婚、生子、状元及第都要用红色来装饰。中国现存最早的文物鉴定专著——明人曹昭所著的《格古要论·玛瑙篇》中记载："有锦红花者，谓之锦红玛瑙……此几种皆贵。""凡器物、刀靶事件之类，看景好碾琢功夫及红多者为上，古云'玛瑙无红一世穷'。"

近几年中国珠宝玉石市场上的红玛瑙多为南红玛瑙，满红满肉，胶质感强，有着和田玉般的温润。可以这样说：南红玛瑙是一种中国红的正能量玉石，更是玛瑙中的极品，堪称"玛瑙中的钻石"。

明·玛瑙单螭耳杯

现藏北京故官博物院

第二章

历史上的南红

清·南红玛瑙摆件
现藏台北故宫博物院

在众多玉石品种当中，南红玛瑙可谓一枝奇葩。其色泽艳丽，质地温润，胶质感强，实乃天地之灵物，一直备受历代皇家贵族以及民间藏家所珍视。近些年，新产出的南红玛瑙制品，因其深厚的中国历史文化底蕴在珠宝玉石市场上也身价倍增。

认识和了解南红玛瑙需要一个由表及里的过程，通过颜色、硬度、质感等方面和常见的红玛瑙比较，就能看出它色泽红艳，质地温润，以及它所蕴含的美。我们先民发现和认识南红，也曾经历了这个过程。

一 红出南红

在距今 3000 年前的古金沙国，有位能工巧匠制造了一枚南红贝币，现收藏在四川成都的金沙遗址博物馆。该遗址是继三星堆文明以后古蜀文化的又一都邑所在，也是 3000 多年前成都的政治、经济、文化中心。而这件南红贝币也是当前存世最早的一件南红玛瑙制品。

时光倒流 2000 多年，在云南抚仙湖畔有一个神秘的古国，称之为"滇国"。司马迁的《史记·西南夷列传》中记载："西南夷君长以什数据，夜郎最大；其西靡莫之属以什数，滇最大。"古滇国有着和南红产地（保山）更加接近的优势，南红玛瑙的使用似乎贯穿了整个古滇国 500 年的历史。在古滇国的滇王墓地——石寨山古墓群的考古发掘中，石寨山 M12 号墓主也就是古滇国最高统治者庄蹻之孙的墓出土了用南红制作的甲虫、牛头和长素管等物件。

距今已有 2000 多年历史的云南楚雄万家坝古墓群是春秋战国时期的贵族古墓遗址。经考古发掘出土陶器、玛瑙、绿松石等文物共 1245 件，其中就有南红玛瑙珠串，现藏云南省博物馆。

南红贝币
现藏四川金沙遗址博物馆

西汉·南红甲虫
现藏云南省博物馆

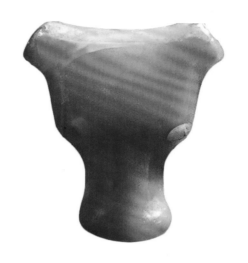

西汉·南红牛头
现藏云南省博物馆

在德昌大石墓和盐源墓葬出土文物中，就有战国至西汉时期呈管状或珠状的南红玛瑙饰品，其中一件是由30多颗南红玛瑙串成的项链，现存于凉山彝族自治州博物馆。

明中期开始制作，曾一度进献皇室的上乘贡品，堪称"国宝"的保山"永子"，其主要原料就是保山南红玛瑙。

据明代《徐霞客游记》滇游日记十一中记载："玛瑙山，《一统志》言玛瑙出哀牢支陇，余以为在东山后。乃知出东山后者，为土玛瑙，惟出此山者，由石穴中凿石得之……从庐西下坡峡中，一里转北，下临峡流，上多危崖，藤树倒置，凿崖迸石，则玛瑙嵌其中焉。其色有白有红，皆不甚大，仅如拳，此其蔓也。随之深入，间得结瓜之处，大如升，圆如球，中悬为宕，而不粘于石。宕中有水养之，其精莹坚致，异于常蔓，此玛瑙之上品，不可猝遇，其常积而市于人者，皆凿蔓所得也。其拳大而坚者，价每斤二钱。更碎而次者，每斤一钱而已。"据考证，文中的玛瑙山就是现今的云南保山地区。此段记述，短短百字，完美地展示了古代"乾海子"（今为云南省保山市

明·南红瑞兽
个人收藏

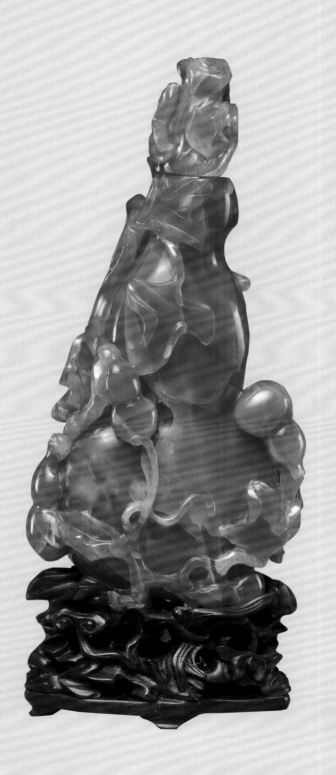

清·南红玛瑙葫芦瓶
现藏美国大都会博物馆

清·南红玛瑙福寿如意摆件

现藏美国大都会博物馆

二 绝矿之谜

对于保山南红玛瑙一度绝矿的时间与原因，世人众说纷纭，归纳起来有以下三点：

1. 绝矿时间在清中乾隆时期。

2. 资源枯竭。

3. 料小、绺裂、无开采价值。

由于地质形成、开采方式等诸多原因，保山南红玛瑙材质上存在着绺裂，但这并没有影响它的美丽。从明中期开始至清晚期，保山南红玛瑙一直作为贡品源源不断地向朝廷进贡，清中期尤盛，没有中断过，并且大部分都是摆件。如果料小、绺裂多，怎么可能雕琢成摆件，更不可能传承二百多年保存到现在。

那么，保山南红玛瑙绝矿的根本原因是什么呢？

是战乱！

道光二十五年（即公元 1845 年）四月，保山（古称永昌郡）有回汉两个小孩因歌谣引起纠纷，继而引发两个族群之间的械斗。保山汉族地主团练"香把会"勾结清朝官府屠杀回民，制造了"保山惨案"。杜文秀一家老少五口惨遭杀害，仅他一人幸免于难，杜文秀赴京告状申冤未果。保山惨案过去 11 年后，咸丰六年（即公元 1856 年），正值太平天国运动高潮，杜文秀在保山的巍山地区起兵，高举反清义旗，打出回汉一体、救民

《永昌府志》记载永昌城陷失守

29

除暴等口号，势如破竹，攻城多座，引起清王朝统治的震荡。清廷出兵镇压，攻陷大理后，将巍山的大、小围埂村（杜文秀起义的首发地）的青壮年以及老幼病残全部血腥屠杀。这场历时18年，经咸丰、同治两朝的反清斗争终告失败。这次战乱也波及保山，据《永昌府志》记载："咸丰初杜（杜文秀）逆起大理……永昌于辛酉六月失守，城陷后……阖家殉难者十有八九。"生还者流离失所，背井离乡。

专为明、清两朝制作贡品"永子"的李家官窑，以及制作永子的主要原材料保山南红玛瑙成品库，都毁于这次战乱。此后，围棋国宝"永子"及南红玛瑙同时销声匿迹。

试想咸丰朝千疮百孔、内忧外患，咸丰皇帝自己尚且焦头烂额、自顾不暇，哪有什么闲情雅兴来鉴赏把玩南红玛瑙，更不可能静下心来布棋摆阵。

所以，这次战乱是导致保山南红玛瑙在咸丰年间一度绝矿的真正原因。

保山南红玛瑙的绝矿原因还有两种说法，一是因为乾隆朝以后清政府日益衰落，造办处没有经济能力支付开采南红玛瑙所需的费用，矿洞开采只能逐年减少直至闭坑停产。二是由于保山的南红开采矿洞过深、矿石采获率低、采掘日趋困难而闭坑停产。

最早南红玛瑙的开采多是地表矿，后来进洞开采，其难度相对增大，风险也相应增高，况且当时咸丰朝又逢战乱，政局不稳，多数人逃往他乡，少数人为了生计，从事极小规模的开采，即使采集到大块的南红矿料，也都敲凿成小块原石，这是因为大块都必须上交官府进贡皇上，对采矿人来说得不到实际利益。如果采集到小块的南红玛瑙原石，打磨成扁珠、勒子等小物件，便于携带、交易快、收益多。人们通过茶马古道，将南红玛瑙驮运出国门，流向中东，甚至更远的地方。

由此可以看出，保山南红玛瑙绝矿的时间应该在清晚期咸丰年间，而且不是资源枯竭的原因，更与料小、绺裂、无开采价值没有直接关系。

三 南红出山

民国时期军阀割据，战乱不断，其后抗日战争时期，云南民众被日寇奴役，日军为了得到一套保山"永子"，惨无人道地杀害了许多保山人。

笔者在云南考察的时候，在怒江州凤凰山发现了一个宝石加工厂遗址，听当地的老人讲，在 20 世纪 40 年代，英国人曾雇当地人开矿采掘南红，新中国成立之后，英国人就撤离回国了。由此来看，欧洲人也很喜欢中国的南红玛瑙，现在在国外很多的博物馆都有所收藏，比如大英博物馆、大都会博物馆等，但他们多命名为中国的红玛瑙。在埃及出土的众多文物中，也曾出现许多红玛瑙珠子以及用红玛瑙镶嵌的古埃及复兴时期的珠宝佩饰。

新中国建立后，国家为了发展对外贸易，支援社会主义建设，有关单位积极寻找生产首饰、工艺品的矿产资源。1973 年3 月 30 日，保山百货公司向中国轻工业品进出口公司北京市首饰分公司发函并寄去几块玛瑙原石做鉴定，确认是否具有开采价值。后经中国轻工业品进出口公司北京市首饰分公司鉴定与

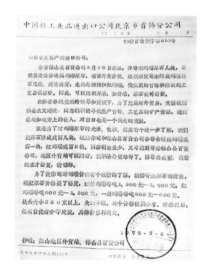

中国轻工业进出口公司北京市首饰分公司给云南土畜产进出口公司的函件

研究，7月4日发文给云南土畜产进出口公司："你省保山县百货公司3月30日来函，并寄来玛瑙原石几块，要我鉴定是否确属玛瑙原石，有否开采价值。经我研究寄来的是玛瑙原石无疑，质量尚好，尤其是缠丝和红玛瑙，做佩戴的首饰和陈设的工艺品很需要。因此，可以组织开采。如开采，原石我司需要……为了使你司对玛瑙价值有个概括的了解，根据寄来原石的质量，现把原石价格提了幅度，缠丝玛瑙每吨1500元~3000元，红玛瑙每吨800元~1500元，一般玛瑙每吨500元~800元。块头大小200克以上，大的不限。"这就给保山南红玛瑙的出山和崛起埋下了历史的伏笔。

20世纪80年代中期，国家改革开放，经济迅猛发展，北京市首饰进出口公司为了扩大出口货源，与云南保山市百货公司联系，后经百货公司郭经理的协调与帮助，并组织当地人在保山市杨柳乡大海坝附近开采南红玛瑙，经过一段时间的开采，90年代初，于本生老师和天竺玉器厂的两位厂长去保山收购了几十吨南红玛瑙送往天竺玉器厂，制作成勒子和珠子出口国外，同时也销往藏区。

2008年9月，保山南红玛瑙又一次闪亮出山，全是因为一个不得不说的人，一个绕不开的人——赵凯。不管有意还是无意，是他第一个去寻找一种听说在保山隆阳区杨柳乡出产的石头——玛瑙石；是他预热了保山南红玛瑙轰鸣的马达；是他迎接了保山南红玛瑙的第一缕阳光。他所造成的影响，应该是当初他没想到的——席卷全国的红色玛瑙浪潮。一只蝴蝶怎么会想到，它在南美洲亚马孙热带雨林中偶尔扇动几下翅膀却导致了一个月后德克萨斯州的一场龙卷风暴。

2009年四川凉山南红问世以来，民间个人开采队伍不断壮大，由开始的几千人发展到现在的几万人，珍贵原石和南红上

孙力民与赵凯的合影

品也随之出产，给南红收藏爱好者带来无限良机和乐趣。但当地村民不顾生命危险偷挖盗采，也严重影响了自然生态环境，据央视财经频道《经济半小时》记者调查报道，当地私挖滥采的现象日渐猖獗，矿区大坑小坑无数，一旦发生自然灾害后果将非常严重。

2010年年初，笔者因一次机缘巧合从陈海龙手中买下15万元的保山南红玛瑙原石，开始进入到南红玛瑙这个市场。为了对南红玛瑙追根溯源，我寻觅到云南保山，进行仔细的查找和遍访，探求南红玛瑙的源头。期间，有幸在云南省博物馆见到了明代的一个岁寒三友南红花瓶，让我对南红更加着迷了。为了彻底了解南红玛瑙的知识，我查阅了很多有关南红玛瑙的书籍和资料，拜访了诸多珠宝专家，又多次独自前往云南保山寻找南红玛瑙，通过几次实地勘察后，发现了明代和清代遗存下来的矿口。

我在云南保山不断寻找和执着追求南红玛瑙的行动，引起了北京电视台的关注。2012年和2013年分别两次，本人与北京电视台经济频道摄制组一起前往云南保山，开始了我们寻找南红玛瑙梦之旅，并拍摄纪录片——《南红诱惑》（上、下两集）和《南红出山》（上、中、下三集）。纪录片播出后，在全国很多城市引起了极大轰动。在"首届中国（烟台）珠宝玉石文化高层论坛"期间，众多烟台南红爱好者闻讯而来，争先恐后地向我咨询南红玛瑙的各类问题。

　　南红玛瑙被世人瞩目经历了一个漫长的历史过程，现在正逐步在收藏界同人中形成共识，与之相伴随的是，其价格也随之迅速增长，与此同时，南红文化也在逐渐回归。经过一段时间的深入研究探索，我深感南红玛瑙质地温润、肌理坚密，红色肌体如凝脂，接近和田玉籽料的品质，具有玉的质感，色泽艳丽，极具收藏价值。一个斯里兰卡朋友鉴赏保山南红玛瑙之后，极为赞赏地说："啊！太漂亮了，这是中国的红宝石。"

　　"雪满山中高士卧，月明林下美人来。"在当今钻石、翡

烟台的南红爱好者与孙力民合影

翠等名贵珠宝玉石大放异彩、风靡市场之际，南红似一青春曼妙的少女，迈着轻盈飘逸的步子款款走出山间林海，走向大众，走向市场。

四 南红与藏传佛教文化

　　红色的玛瑙，汉代之前称为"赤玉"或"赤琼"。南红玛瑙在藏语中叫作 ma.rai 或者是 ma.zhou，翻译成汉语即红色的石头或赤琼。佛教传入中国后，"赤玉"被玛瑙替代，作为佛教七宝之一，被镶嵌在许多供奉佛像上。佛教密宗认为，南红玛瑙是一种可以与神灵沟通的奇异石头，拥有和佩戴可以驱邪避灾、护身平安。自古以来一直被当为辟邪物、护身符使用，象征友善的爱心和希望。在甘孜州东谷寺藏元代经卷中，南红玛瑙被说成是"天龙八部中厉鬼之血"，据说佩戴它可以驱邪避灾。

　　采用镶蚀工艺制作的藏传天珠，其主要材料就是玛瑙，西藏有句老话："玛瑙不红，一生受穷。"南红代表鸿运，代表吉祥如意，所以很多藏传佛教信徒会随身佩戴南红扁珠、勒子、珠子串成的项链。在清朝时，因为雍正皇帝信仰藏传佛教，南红随着藏区文化进入清廷，也对中原佛教文化产生了深远影响。

　　在保山，人们可通过茶马古道将这些南红玛瑙小物件销往西藏地区，以及缅甸、越南、泰国、尼泊尔、印度等国家。茶马古道起始于古代西南边疆的茶马互市。唐朝时因为唐明皇颁布法令禁茶入藏，反而促成了滇茶进藏。茶马古道分川藏、滇

老勒子

老靭子

藏两路，连接川滇藏，是古代中国滇、川、藏之间的一条重要的贸易通道。

　　滇藏茶马古道大约形成于公元 6 世纪后期，它南起云南南部，经过丽江、香格里拉进入西藏，直达拉萨。最重要的是，保山在古代是南方丝绸古道的要冲，从保山腾冲国家级猴桥口岸到缅甸北重镇密支那仅有 131 千米，再往西走 400 多千米就可抵达印度的雷多，是中国通向南亚、东南亚和印度洋的国门重地和桥头堡。

老手串

五 南红"永子"

保山早在东汉时就设永昌郡，后又称永昌。永昌有三宝：永子、料丝灯和玛瑙。

"永子"即永昌所产的围棋子，又名"永棋"，是以保山南红玛瑙、黄龙玉、翡翠和琥珀等天然原材料，采用保密配方和绝技熔炼、传统手工烧制而成。棋子的质地细糯如玉并且非常坚硬，犹如天然玉石磨制而成，入手圆润、冬暖夏凉，是古往今来、举世公认的棋中圣品。《徐霞客游记》卷十八："棋子出云南，以永昌者为上。"

黑子置于棋盘上，呈漆黑一点无杂色，对光照视，则现碧绿之色，犹如清潭秋水，清心悦目。

白子呈象牙之色，对光照视，温润如羊脂美玉，悦目赏心。以永子对弈，触子舒心、着盘声铿，退子如珍珠落玉盘，有暖凉之妙。

五百多年以来，永子不仅受达官显贵、文人雅士所珍爱，还是进献皇室的上乘贡品，堪称"国宝"。

明正德七年（1512 年），官至翰林院庶吉士的永昌人李德章，因故被贬在宫内保管珠宝玉器。一次宫廷失火时，他发现熔化的珠宝玉石被水浇凝固后，具有晶莹透亮的漂亮色彩，此情此景，他久久不能忘怀。卸职还乡后，他就用家乡永昌盛产的南红玛瑙、黄龙玉石、琥珀等原料再加上翡翠熔化烧制成了"永子"。

嘉靖十八年（1539 年），永子被赦令为进献皇家的上乘贡品。至晚清咸丰年间，由于保山战乱，使得永子与南红玛瑙的命运一样，遭受毁灭性的破坏，李德章的后人为保命，隐姓埋名逃往他乡，从此销声匿迹。

1964 年 3 月，时任国务院副总理，兼任中国围棋协会名誉主席的陈毅元帅，到云南视察时语重心长地叮嘱：传统的

永子生产原料——保山南红玛瑙

围棋国宝——保山永子

工艺一定要恢复，我就不相信保山就无人再烧出永子来。

后来永子烧制的重任落到李氏家族第十一代传人的肩上。在当地政府的帮助下，经过两代人、20多年的不懈努力，终于将失传百余年的围棋国宝——保山永子烧制出来。

这个故事不就是对中华民族玉文化的历史传承最好的解读吗？

白永子灯光效应

黑永子灯光效应

第三章
南红种类及鉴别

保山料摆件

南红玛瑙这个名称从何而来呢？我查找有关文献和资料，发现在宋辽时期甘肃省甘南藏族自治州迭部县出产的红色玛瑙，简称为"甘南"。产自云南保山的红色玛瑙，简称为"滇红"。久而久之，后人舍其地名"甘"和"滇"，取其"南"和"红"，这些玛瑙就被约定俗成地称为"南红"了。不管如何，南红玛瑙这个称呼是在近些年才有的。因为在20世纪90年代初期，我当学徒的时候，师傅说这种玛瑙叫豆腐蔫玛瑙，那会儿根本就没南红玛瑙一说。

　　老南红主要指甘南红和保山南红的老坑料，古时候是在山上开采，后来在矿洞里开采。高端的保山料颜色红润，质地细密。南红玛瑙由火山活动后期形成，开采自沉积岩当中，它的矿物成分是二氧化硅 (SiO_2)，一般为半透明到不透明，玻璃光泽，摩氏硬度 6.5~7，比重 2.55~2.91，折射率在 1.535~1.539。

一 南红产地与种类

南红玛瑙的产地极少，目前发现的主要有云南的保山和四川的凉山等地，早期在甘肃的迭部和金沙江流域也有发现，但产量极少。

1. 甘肃迭部南红

据史料记载，甘肃迭部的南红品质极好，色彩纯正，颜色偏鲜亮，色域较窄，通常都介于橘红色和大红色之间，也有部分偏深红的颜色。密度高，少有雾状结构，具有很好的厚重感。由于产量极少，大众认知度低，历史上一直被作为南红的一个品类而存在。据传有人在甘肃开矿，挖了几十米深，也没挖出具有商业价值的甘南红原料。现在存世的大多是珠子、勒子或原石手串一类，罕有大块的原料。历史上迭部是南红玛瑙的重要产地之一，但目前已无新的玛瑙原石产出和销售。

甘肃迭部料（极少见）

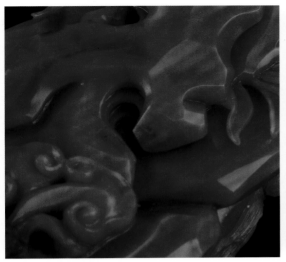

甘肃迭部料局部放大图

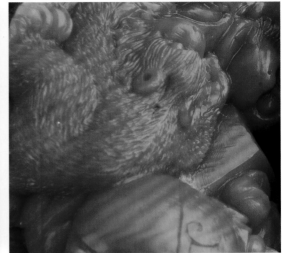

保山老坑料局部放大图

2. 云南保山南红

目前在玉石市场上流行的南红玛瑙主要有两大产地：云南保山和四川凉山。人们在选购南红玛瑙时，总是会问一句："这是保山料还是凉山料？"

云南保山是南红玛瑙较早的一个产地，即老南红的原产地，开采历史悠久，开采的数量相对多一些，市场上也最为常见。保山南红的历史产地在今保山市西北 26 千米的隆阳区杨柳乡阿东寨的大海坝水库西侧，也就是《徐霞客游记》中记载的南红产地。

保山四面环山，所有的环山上都有南红产出，现在保山南红有两大主产区——西山区和东山区。

西山区产地细分：

杨柳乡：海尾村、阿东寨、三眼井、旧寨田、河湾、冈掌、联合村。

罗明：小庄、小水塘。

怒江坝：大沙坝。

东山区产地细分：

瓦渡乡：小松坡、杨家寨、打平、芹菜塘白岩子、火石岭、满九寨、芦竹坝。

金鸡乡：下家坝、乐寨大线坝、磨石坎、滑坡、览坡、大水沟。

水寨乡：海棠洼村、大栗哨、岩子脚、江边。

沙坝：杨家山、宝石山、四川地、福禄地。

杨柳乡在保山西面，所出南红料多夹杂在玄武岩中，品质较好，色艳而完整。东山所出的南红料是在泥土里，与杨柳料相比较，东山料绺裂较多，完整度不高。

滴水洞地处阿东寨的大海坝水库附近，始于明代，是保山南红的极品料产地，原石颜色最纯，能够收藏到滴水洞的南红作品是非常有价值的。最早只有这一个坑洞出产南红，据当地的村民说，曾经有一段时间，挖了几十米的时候，没有南红原石，后来继续往里挖，挖了100多米，才挖出了南红原石。现在滴水洞已被厚厚水泥墙完全封闭，不让开采，外面标有："坝基安全，严禁破坏。"因为这座出产南红的山和周围的多座山连在一起，构成了大海坝水库的坝基，政府担心过度开采导致水库决堤。

大黑洞紧靠着滴水洞旁边，也算是有悠久历史的矿源了，南红第一发现人赵凯曾经就在大黑洞的坑洞里捡到明朝嘉靖到

保山市隆阳区地图

保山大黑洞旁的山坡地貌

保山滴水洞、大黑洞周围环境

保山大黑洞陡坡上凿洞的情形

保山大黑洞对面的山坡

孙力民在保山已封的滴水洞旁

孙力民在保山滴水洞、大黑洞旁的山峦

保山滴水洞口前的碎石块

保山滴水洞口前的原石

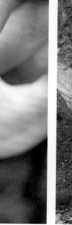

保山滴水洞前的原石块

用水泥封闭的滴水洞

大黑洞旁的矿口（一）　　　　　　　　　　　　　　　　大黑洞旁的矿口（二）

清朝道光年间的古钱币。大黑洞产出的南红原石种类繁多，其中不乏很多质地很好的柿子红、红白料等，现在也已经封矿。

在距离滴水洞一千米远的地方，有产出杨柳老南红，颜色漂亮，仅次于东山老南红。

冷水沟，多产小颗粒原石料，颜色较好，但是多带黑色缟丝，大多用于做珠子。

三眼井，南红琥珀料的产地，其中优质的原石料比较接近血色，是做首饰非常好的极品料，常被做成戒面。三眼井的琥珀料与凉山的樱桃红很相似，非常漂亮。

白沙沟，料有好有坏，零零散散，影响不大。

干仗产出的料红白料居多，高档品质很少，这里的料肉粗石性重，但是少裂。

东山的南红料跟杨柳的产出方式不一样，杨柳的南红料夹杂在玄武岩中，而东山的是在泥土里，但是它又不像川料那样

保山杨柳乡政府为防止地质灾害，在路旁树立的路线牌

孙力民在保山南红矿口

孙力民在保山与女石农的合影

孙力民在保山杨柳乡的南红市场

保山艰辛石农粗糙的手

保山滴水洞料

保山大黑洞料

保山大黑洞料

保山东山料

保山大黑洞料

保山杨柳料

保山红白料

保山杨柳料

成土豆状。东山上的矿点比较多，也有老南红产出。这里产出的南红原石色泽好，质地酥松。一旦能产出整料，那就是上等好料。虽然保山南红原石多裂，但是颜色上乘，多是柿子红、柿子黄等。

保山南红兴起的新品种——保山冰红。冰红朱砂点很细，肉眼无法看见。保山冰红种好、满色、质感强、有硬度、有荧光、透明度高，能达到珠宝玉石级别的标准，但产量稀少。

柿子黄、柿子红是一种什么样的颜色呢？自古以来，玉石的颜色定名都是以天然的植物颜色为依据标准。在保山当地矿区的每个洞口旁边都有一颗野生的柿子树，当从矿洞里刨出来的南红颜色和树上柿子没熟时的黄色接近，就叫柿子黄。南红颜色和柿子熟透了、快落地时的红色接近，就叫柿子红。所以在南红玛瑙的主体颜色里，老辈留下来的颜色就这两种，柿子黄和柿子红。

保山南红的特点概括起来就是以山料块状为主，外皮呈不规则菱角状，原矿有围岩伴生，质地细腻紧密、通透温润、色泽鲜艳，主色多为纯正的柿子红，有较好的胶质感和油脂感，近似于和田玉籽料。但由于保山南红矿脉属于沉积岩，呈现层状分布，离地表较近，虽然储量不少，但是在几千年的地壳运动和侵蚀风化过程当中，产生了不少断裂，有些甚至变成碎渣，这就造成了保山料多绺裂的现象。同时也因为南红料多夹杂在坚硬的原生玄武岩中，因其所处地质环境及成矿条件所限，乡民必须放炮且深挖掘进才能采出，故保山南红的裂隙较明显，材料多绺裂，完整的大件材料就极为罕见，因此有了"无裂不是保山料"的说法。

近年来，随着保山南红的归来，吸引着全国各地珠宝商和淘宝者纷至沓来，一时间在保山当地形成农民街、兰花村、沙

保山农民街南红集市

坝街三个南红玛瑙市场，加工、销售南红的经营户达上百家。

农民街位于保山市隆阳区，是上个世纪90年代初期发展起来的，当时农民街是以收购废铜烂铁和销售农具产品为主的，赶集的人也多为零散的农民，因此得名"农民街"。随着保山南红的出现，农民街也蜕变了，每到周日，当地人都会在市场上销售南红，农民街因此变成了名副其实的南红街。

兰花村位于保山市隆阳区，地方不大，实际就是两条纵横交错的街道。保山人自古就有爱兰养兰的习俗，在那个兰花能卖出天价的年代，这里曾经聚集了上百家兰花商户。后来兰花生意不好做了，当地人就改行做南红，如今的兰花村已经看不到兰花了，取而代之的是一家家经营南红玛瑙的商铺，人来人往，生意非常火爆。

沙坝街位于保山市隆阳区的板桥镇，最早因为偏僻，当地

保山兰花村南红市场

孙力民凌晨在保山沙坝看南红

人以农耕为主，后来因为南红的出现，沙坝人有了地理优势，截留了山上大部分南红材料，无论是原石、珠串，还是雕刻把件，这里应有尽有，因此成为了全国各地南红爱好者到保山非去不可的地方，由此沙坝街也变得热闹和富裕起来。每周六的 7 点到 12 点，来到沙坝街集市，满眼都是南红玛瑙，虽然只是一个小型的南红交易市场，但场面却热闹非凡，有很多来自全国各地的专业买家在此寻宝。

南红手镯

保山老滴水洞料

3. 四川凉山南红

从 2009 年起，四川凉山彝族自治州美姑县南红玛瑙新矿陆续被发现，之后凉山南红的大量开采与上市，这才真正让南红玛瑙重新回归人们的视野。从某种意义上来说，凉山南红的出现，开拓并推动了南红玛瑙市场的快速发展，满足了不同收藏群体的需求。

凉山南红主产区多汇集在凉山州美姑县和美姑县与昭觉县交界处海拔 2000-3900 米高的山区地带，那里常年低温积雪。现已探知的产区集中在四处，分别位于美姑县的九口乡、瓦西乡、联合乡和昭觉县的乌坡乡。

九口乡产区：坐落在美姑县西南部，是凉山最先发现南红玛瑙的地方。九口乡依山傍水，站在乡村的大街上，顺着山势向东南方向远眺，可以看见猫儿鼻子山，在这座山脚下方圆两三千米的范围内就是南红玛瑙的出产地。该产区出产的南红色泽红艳，质地紧密油润，完整度高，且容易出大块料，是凉山料品质中最高的。原石表皮厚，多带土壤。

瓦西乡产区：坐落在美姑县东部，该产区属高寒山区，因此是凉山南红产区中开采条件较差的一处。出产的南红颜色非常丰富，重量普遍较小，多为小块型，与九口料相比要脆一些，因此多裂。瓦西料最大特征就是干，没有润感。原石表皮多为黑色，有些带有黑色沙砾。

联合（洛莫依达）乡产区：坐落在美姑县南部，南红矿石在地表或靠近地表的浅层，比较容易开采，也算是发现较早的凉山南红产地。出产的原石品质两极分化严重，好的极好，差

凉山联合料

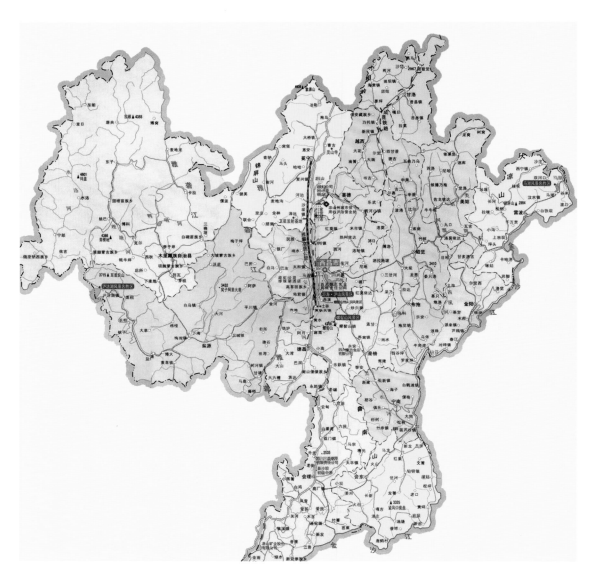

凉山地图

凉山九口料

凉山九口料

凉山九口料

凉山九口料

凉山瓦西料

凉山联合料

凉山瓦西料

凉山联合料

凉山包浆料

凉山大桥料

的极差。联合料比较有特点，与其他几个产区的南红区别比较明显，它玉质感强，水头很足，通透性较好，主色为樱桃红。顶级的联合料与保山南红有些相似，因此经常被用来冒充保山料。

乌坡（庆恒）乡产区：坐落在昭觉县东北部，是2011年上半年发现的新坑，出产的南红比九口料稍差，颜色均一，以纯正的艳红为多，且多大料，但完整度较差。

凉山南红原石

凉山南红原石看上去像马铃薯（当地称南红蛋蛋）。以皮子划分主要有铁皮料、红皮料、包浆料、风化料。九口料皮色一般如铁，柿子色（柿子红和柿子黄）多，硬度一般在6左右。瓦西料皮色如漆，多为玫瑰红和火焰红，玉质感强，硬度在7左右。联合料多为冻料或冰料，颜色为樱桃红、水红等，朱砂点分布较多，绺裂也较多，硬度在6左右。乌坡前山料，颜色如猪肝，色纯，裂多；后山料皮色似九口料，色纯，硬度一般在6.5左右。

如今，在距离凉山美姑县170多千米的西昌市邛海湿地旁边的海门渔村建立了国内最大的南红玛瑙交易市场——大凉山南红玛瑙城。玛瑙城已初具规模，形成东西与南北方向交叉的两条主街道，东西方向的街名为向佛街，这条街集中了众多经营南红玛瑙的店铺，而且店铺门前的步行道上也自然形成了南红集市，有卖南红原石的，也有卖南红饰品的，吸引了全国各地的不少南红爱好者来这里"玩石"。每天清晨6点多钟，天刚蒙蒙亮，市场里就挤进上千人，叫卖声此起彼伏，夕阳西下的时候，依旧人头攒动！

孙力民在西昌南红市场 凉山南红开采现场

4. 其他南红

除了在云南、四川、甘肃出产南红外，还有贵州、青海、内蒙古、新疆等地，以及以宜昌为代表的金沙江、长江流域也发现出产南红。

鲁甸南红，出产地位于云南省昭通市南部，乡民露天采挖即可获得，所以矿石的裂绺不明显。其玉质细密，水头优劣都有，但色泽不如保山南红鲜艳，部分玛瑙块内有"夹白"或"乌石"现象。

金沙江料南红颜色淡雅、冰润粉嫩，以宝石红、樱桃红、冰透粉（底色是淡淡的粉红色）、冰种飘红（底色是白色，上面飘红）为主要代表色，比较适合做珠宝。

外蒙古玛瑙料品质不佳，表皮多是红皮石斑，石性较重，内部石纹较多，玉质感不强，色域较窄，绺裂较多，干涩。

非洲红玛瑙原石多为蛋状、多以粗麻皮壳为主，硬度大，部分为冻皮(类似红皮料)，颜色暗沉，有柿子红、樱桃红等颜色。

外蒙古"南红"原石

二 南红真伪辨别

人工烧色南红玛瑙：天然玛瑙成分中含有 Fe^{3+} 离子，因而呈现天然红色，若只含有 Fe^{2+} 离子就会呈现青绿色。作伪时，通过简单加热方式就会让 Fe^{2+} 氧化成 Fe^{3+}，灰色玛瑙可转变为红色玛瑙。

人工染色南红玛瑙：原石本身含铁元素较高，加热后会变为红色。如不具此条件，就要用硝酸亚铁或氧化铁溶液浸渍一个月后，再用硝酸钠浸泡约两周，其干燥后加热酸化处理，可使其变为红色。

人工注胶南红玛瑙：近代开始出现的一种优化方式。注过胶的原石在外层有一层透明包裹层，其间有细小气泡存在。

玻璃（料器）：可根据需要制作出透明、半透明至不透明形态，与天然南红玛瑙最大的区别是无油脂性，高倍放大镜下可见一定的气泡。玻璃的物理特性较脆，断口呈贝壳状。

仿古件

南红之美，美在内涵丰富。从古代传说到文献记载，从民风民俗到宗教信仰，南红积淀了厚重的历史文化，自然形成了一种独有的南红文化。

南红之美，美在阳刚遒劲。南红阳刚硬朗，光彩照人，具有其他玛瑙所没有的独特视觉美感。把玩欣赏南红，既给人热烈奔放之感，又给人沉稳坚定之气；既给人喜庆吉祥之氛围，又给人沉静幽雅之境；既能使人获得感官上的愉悦，又能使人获得精神上的支撑，让人蓄气养精，心旷神怡。

南红之美，美在富贵吉祥。"温润三月桃花开，南红玛瑙带福来。"南红细腻柔和，色泽光艳，色彩凝聚，蕴藏深厚，象征富贵、吉祥和幸福。民间有"家有南红，世代不穷"之说，代表千家万户对美好愿望的寄托。

南红之美，美在内敛端庄。南红不仅有艳丽华美之表，还兼内敛端庄之秀。它聚天地之精华，不张不扬，深沉稳实，独特的天资如诗如画，尽显妩媚，耐看养眼，充满丹青之妙。

南红之美，美在含蓄包容。南红自然色体变幻无穷，层状、波状、单体色、合体色，应有尽有，各具特色；柿子红、柿子黄、玫瑰红、樱桃红，五光十色，琳琅满目。红中带黄，黄中有红，红中有紫，紫中有缟，兼收并蓄，象征包容、友谊、和善、爱心和希望。

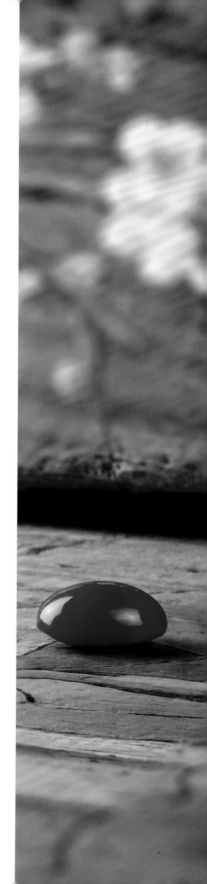

山子

一 红色之源

南红玛瑙以其艳丽的红色而著称，契合了中国人崇尚红色的习俗，在中国传统文化中，红色历来代表幸运与吉祥，文化心理起源于对太阳神的崇拜。

远古时期，红色往往列诸色之首，它代表人类赖以生存的"火"的颜色和生命"血"的颜色。古人常用火来驱兽，还用火来烧烤食物，从而改变了远古时期人类的饮食结构。自东汉始，国家的政治和文化中都提倡使用象征火的红色，红色渐渐地渗透到了中国文化的各个方面，成为"国色"。

精品手串

红色是中国人的魂，尚红习俗的演变，记载着中国人的心路历程，经过世代承启、积淀、深化和扬弃，逐渐嬗变为中国文化的底色，弥漫着浓得化不开的积极入世情结，象征着热忱、奋进、团结的民族品格。

中国人的红色情结与生俱来，它流淌在中国文化的血脉之中。红色是尊贵之色，也是喜庆之色。从朱门红墙到红木箱柜；从新人的婚礼到寿星的寿宴；从开张大吉的剪彩到恭贺新禧的贺卡；从过年过节悬挂的灯笼到家家户户张贴的春联和窗花；

从压岁红包到辞旧迎新的爆竹……

红色以农耕文化为依托，经过多少代潜移默化的熏陶，深深地融入了中国传统文化当中，成为安身立命的护身符，它寄托着人们渴望安定、幸福和辟邪消灾的期盼。对于中国人来说，南红玛瑙天然的红色，是中国红系列中最美的红色。南红玛瑙是中国玉文化和红色文化最天然、最完美的载体。

二　南红珠饰

南红玛瑙是玛瑙中最为温润的品种之一，久放会变得失去部分光泽，而当你有时间捡拾起来，它又能迅速地变得油光四溢。近几年，南红饰品已逐步渗入婚嫁用品当中，如用南红做戒面，很受新婚夫妇欢迎，既吉利又得体。它既有历史文化的积淀，又有玉文化的内涵。同时，它具有和田玉般的油润细腻，又有红珊瑚的色彩浓丽，都十分符合中国人的审美习惯，正好也就满足了国人对珠宝首饰的需求。

塔珠

南瓜珠

南瓜珠，大约在宋辽时期出现，元明时期为大家所熟知，清代则渐渐消隐。一般认为，矮桩的南瓜珠的年份相对要早一些，能够达到宋元。中桩的南瓜珠一般是元明时期的产物，其

珠子

南红胸坠与戒指

南红胸坠

琥珀色南红项链与戒指

南红耳钉

南红胸坠

南红胸坠

南红戒指

中尺寸超大（直径 3 厘米以上）者都属于这一时期。高桩的南瓜珠一般是清朝或者稍早一些的。南瓜珠因为年份和工艺的原因，一直都是南红中最为昂贵的。

朝珠

朝珠，这是南红从西藏走入清廷之后出现的，属于内陆地区的产品（亦常见于云南）。朝珠一般都具有形制规整、抛光程度高、极少出现白芯的特点，比较容易和藏区的圆珠混淆。由于清朝时整个上层对藏文化的偏爱，所以就在朝廷规制之外出现了南红的朝珠。在不敢使用南红朝珠的官员中，似乎也有使用南红的倾向，我们从一些历史遗物中可以看到一些南红材质的分珠（即朝珠串中的 4 颗大珠）。较为常见的是这些南红配件都配合象牙、翡翠材质使用。十分罕见的南红雕花珠绝大多数都是属于朝珠范围的，清手串珠也同样属于此范围。因为制作的精细程度较高，并且由于内陆地区并不以南红入药（玛瑙中含有可被人体吸收的微量元素，在《本草纲目》等医书中均有记载），所以一般品相相对完整。

108 颗老珠子

藏区圆珠

藏区圆珠，这种圆珠一般认为是藏区相对较晚出现的一种珠子类型，年份大概是清代，可以延续到民国。没有办法考证到底是受朝珠影响，还是影响了朝珠。总之，这种在成本核算方面并不太合算的珠子就流行开了，圆珠出现的地区一般更接近中原。

平珠

扁珠

扁珠，又称橄榄珠，因形似橄榄而得名。其实扁珠的形制亦有分别，形制不同年份应该说差距很大，一般可见的分为两种：

一种是不规则扁珠，具有相对随型的特点，珠体一般都不太具有对称性，一般相对较大，珠子的包浆通常都极其厚重，孔洞也极其古朴。这类珠子参考随型蜜蜡珠的断代，大概应该是元明时期甚至更早。这类南红珠也是相对少见的品种。

一种是相对规矩的扁珠，具有明显的橄榄型特征，珠体具有较好的对称性，这种珠子是最为常见的南红珠形制。这种珠子的断代基本可以认同清早期，但是最早出现时期应该稍微早些。清晚期之后，这类珠子也在流行，至民国才告绝迹。

算盘珠

算盘珠，又称片状珠。这种珠子出现的时间最晚，大概应在明末清初，同样也是在清末民国停止制作。这种珠子的制作工艺水平高低差异非常大。高档的算盘珠取料也会非常讲究，形制也非常规整，甚至部分在 90 度交角处有平台过渡（类似于清扳指的边角处理），抛光也非常好。而质量较差的算盘珠无论是选料还是工艺都比较粗糙，有部分不抛光。

朝珠中的南红季珠

南红手镯

南红手镯（保山老滴水洞料）

南红头饰

南红头饰、耳钉、挂珠、戒指

南红胸坠与戒指

南红冰飘戒指

塔珠

扣子

扣子，这类东西大部分见于云南及云南的辐射区域。形制特殊，一眼就可以认出，一般色彩都偏浅些，品相较好，这些扣子一般都认为是清代制品。

三 南红摆件

近代以来，由于高品质的保山原矿资源枯竭，使得保山南红只能大量用于珠饰加工，少有高品质的摆件和雕件作品问世，南红玛瑙渐渐成为小众藏品。川料南红原矿的发现，填补了保山南红的空白，它以其完整的料性和丰富的颜色受到各大玉雕工作室青睐，并在玉石雕刻界兴起了南红雕刻旋风，近年更是在国内各大玉雕奖项中屡获殊荣。

中国的玉石雕刻历史悠久、举世闻名，雕刻工艺多样化：有浮雕、圆雕、透雕、线雕、巧色雕及俏色雕。雕刻题材更是丰富多彩，件件都蕴含着吉祥、祝福的寓意。玉雕大师用谐音、比喻等手法来表达作品内蕴的寓意。比如：在雕刻竹子时，在上面琢只蝙蝠以表达"祝福"，因竹谐音为"祝"，蝠则谐音为"福"；刻五只蝙蝠挂在门上，寓意为"五福临门"；刻两只蝙蝠抱着一枚铜钱，寓意为"福到眼前"；在人参背后雕琢

南红撰财

如意表示"一生如意";刻梅花和竹子,则表示"花开五福"、"祝报五福";刻一大象驮一瓶子,寓意为"太平有象";刻两个古钱,一蝙蝠,两个寿桃,寓意为"福寿双全";刻两个顽童放爆竹,寓意为"竹报平安";刻一顽童扛着如意骑大象,寓意为"吉祥如意"等等。这些通过谐音、比喻、象征等艺术手法表现了人们对美好生活的追求和向往。

孔雀公主

观音

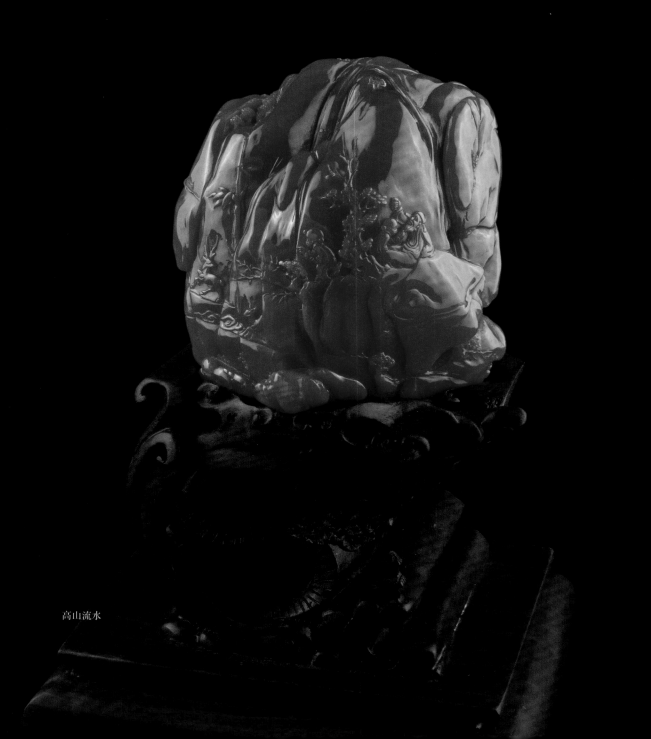

高山流水

火焰山

五猴捧寿

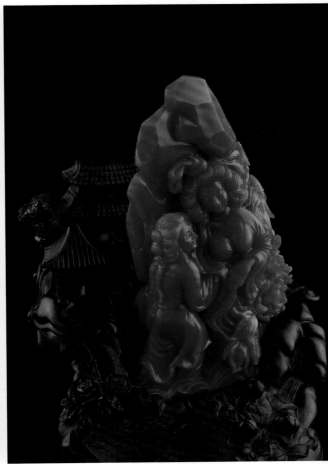

庄惠之交   仕女

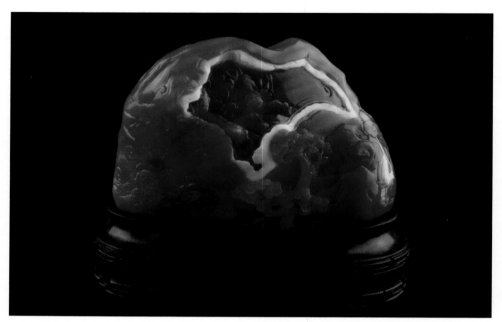

山子

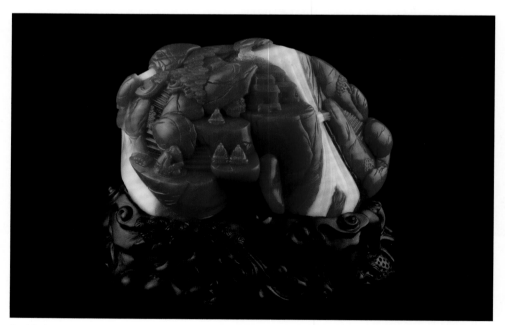

老子讲道

弥勒佛

鹦鹉相惜

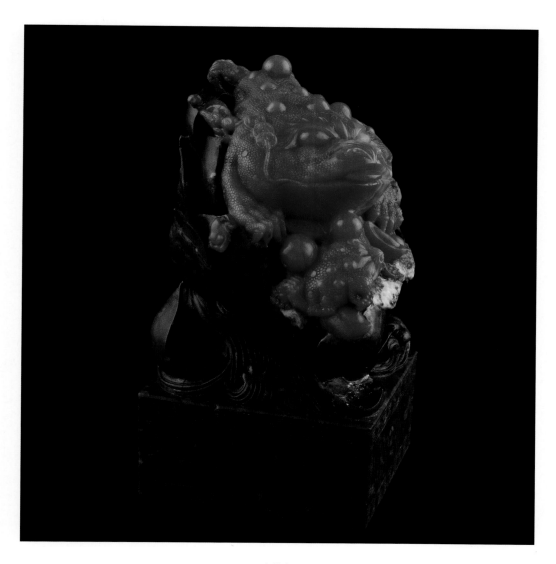

金蟾印

山子

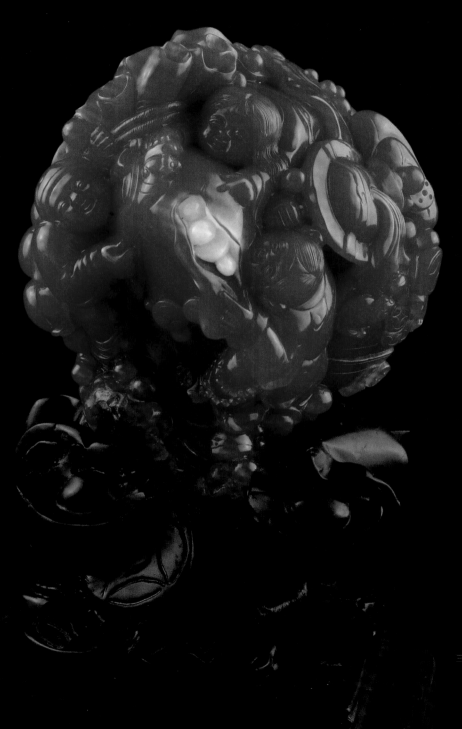

三子送财

母岩雕刻

四　名家精品

南红玛瑙是玛瑙中的极品，是一种特殊的玛瑙，之所以特殊，是因为它是隐晶质集合体，有很好的韧性，有利于雕琢。从目前的玉石雕琢派系发展来看，可以分为北派、苏派、海派三大派系。从古代的手工作坊到如今的现代化设备手段的使用，这些智慧的玉雕大师去糙取精，佳作纷呈，不论是工艺还是设计都受到人们喜爱和欢迎。

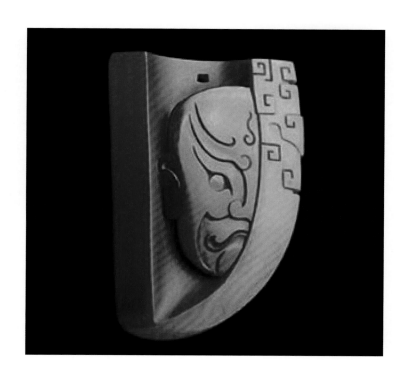

脸谱
李仁平作品

李仁平

1973 年 广西桂林人

"恒越玉舍" 工作室创办人 艺术总监

云南省玉雕刻大师

瑞丽市巧雕大师

四川省南红协会艺术顾问

仕女

李仁平作品

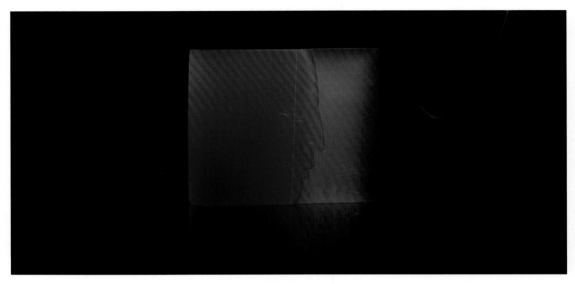

澄明之境

李仁平作品

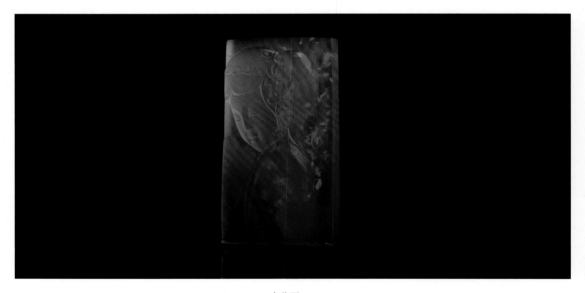

杏花雨

李仁平作品

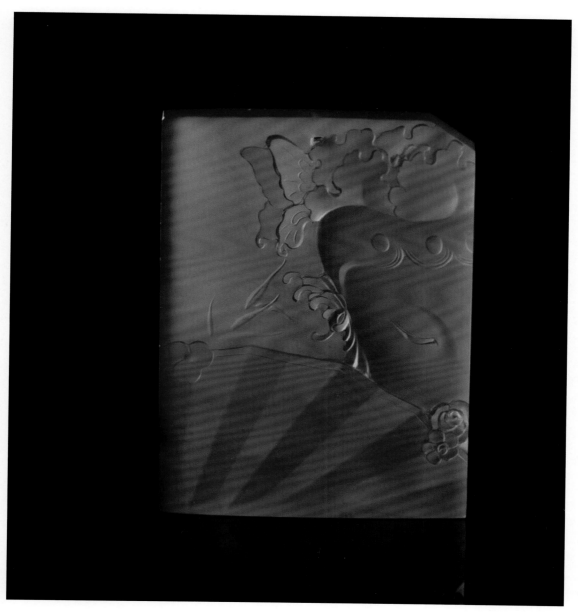

羞花

李仁平作品

刘东

字开璞，号枕石翁，福建福州罗源县人，生于 1968 年。现为中国美术学会雕塑专业委员会会员、中国珠宝首饰行业协会理事，福建省寿山石文化艺术研究会理事，"石上艺术"创始成员，集天工奖、百花奖、神工奖等众多奖项于一身的金奖得主。多次应邀赴海外办个人作品展，作品多被海内外博物馆收藏。近年来国内主流媒体对其竞相关注、采访及进行专题播报。个人专著有《枕石悟语》、《刘东雕塑艺术》。从事玉石雕刻艺术创作近三十年，其作品极具思想内涵与哲学深意，对东西方的人文思想及历史文化的研读深得正悟，将诗书画篆等艺术的精髓和娴熟的技法相融合。巧妙应用天工造化的玉石、翡翠、玛瑙、水晶等材料之自然美，大胆突破，作品风格多变又独具面貌，让人耳目一新，耐人寻味且拍案称绝，对业界影响深远。

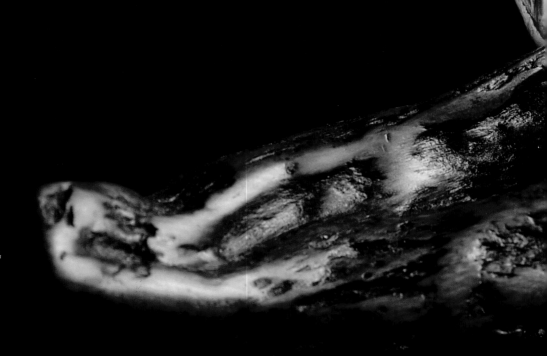

宝贝

刘东作品

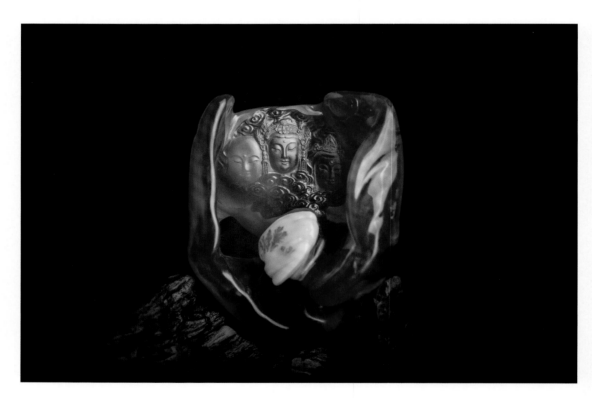

万法归宗

刘东作品

醉入深秋
刘东作品

肖军

亚洲珠宝玉雕大师、云南省玉雕大师、中国现代玉雕青年艺术家、中国工艺美术协会常务理事。这些响亮的名称，让我们知道并了解了肖军大师，而真正让我们对肖军大师之名敬服的，却是潜心为玉的艺术人生……

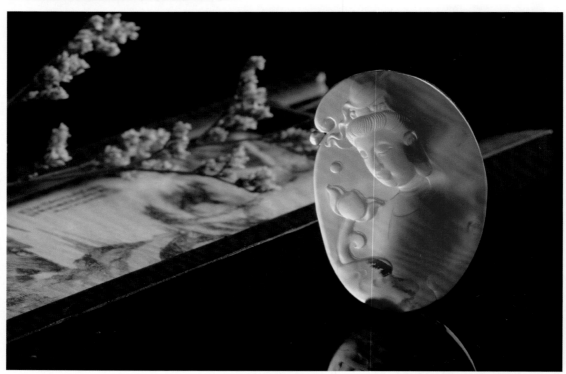

观音

肖军作品

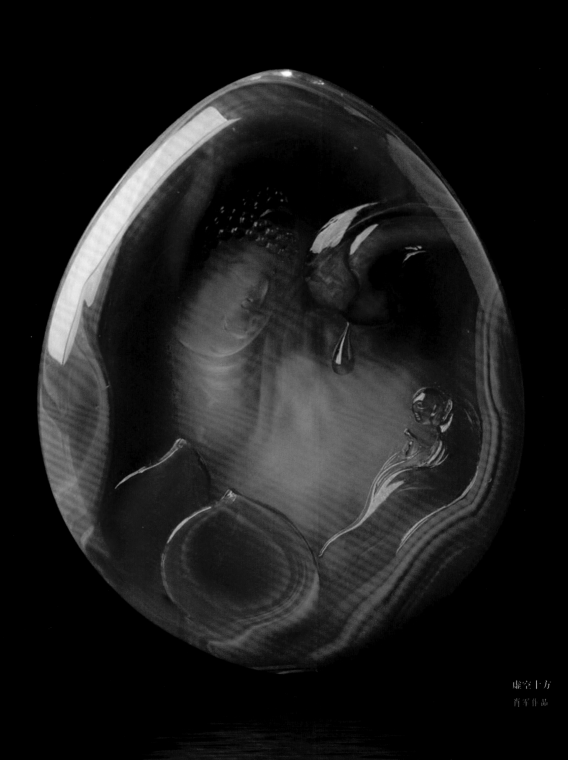

虚空十方
肖军作品

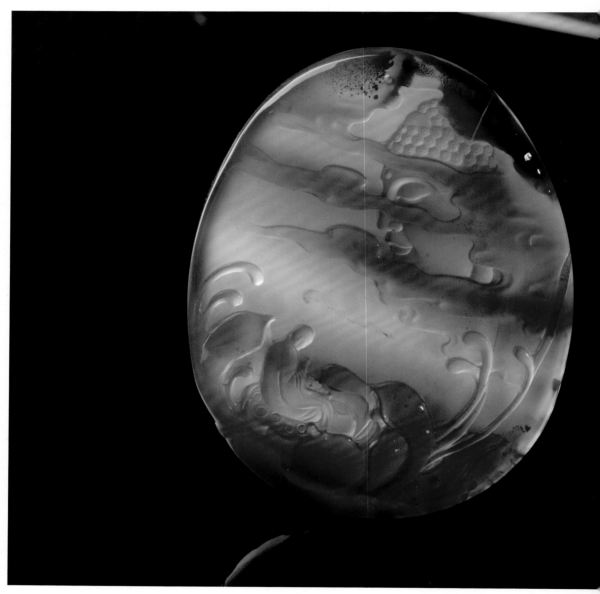

梵音缥缈

肖军作品

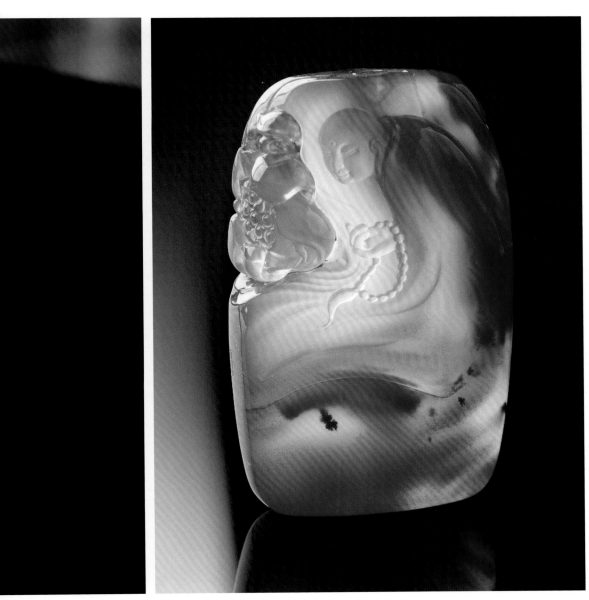

拈花一笑

肖军作品

黄文中

中国玉石雕刻高级技师；国家艺术
品鉴定师；江苏省玉雕大师；江
苏省珠宝玉石首饰行业协会常务理
事；苏州市玉石文化行业协会常务
理事；苏州市相王路玉雕专业委员
会副会长；苏州玉雕名家。

海的女儿
黄文中作品

红袖（正面）

黄文中作品

红袖（背面）

黄文中作品

梁祝

黄文中作品

喜上眉梢
黃文中作品

罗光明

上海海派玉雕文化协会会员，海派玉雕大师，
苏州玉石文化行业协会常务理事，相王路玉雕
专业委员会副秘书长。

作品多以现代题材见长，人物清新甜美，花草
悠然雅致，在设计上不拘于传统，将当代的审
美有机地融入玉石雕刻中，工艺上推崇以繁至
简，令观者印象深刻，深受收藏家青睐。

有凤来仪

罗光明作品

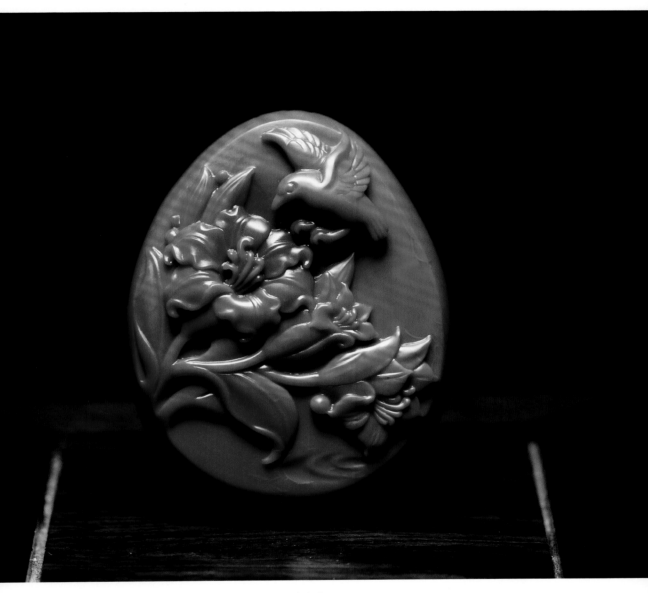

百年好合

罗光明作品

花好月圆
罗光明作品

云中仙鹤

罗光明作品

天地有大美而不言，人间有美玉而不语。南红是大地的精灵，原本无生命，是人们的喜爱赋予它千年精彩岁月，万种妩媚风情。有人说，精美的玉石会说话，而南红不仅凝聚着东方人审美的情趣，还处处散发着新时代的气息，温文尔雅地向我们讲述着历史的传说，同时也默默地传承着文化的命脉。

松寿延年

一 玉石文化与市场价值

在中国玉文化的历史发展进程中，玉成了上流社会财富的象征，也成了身份的象征。中国人没有单纯地把玉看作是"昂贵的石头"，而是相信玉是有生命的，因此自古就有"黄金有价玉无价"的说法。

随着中国玉石市场的极度扩张，受外界因素影响，玉石价格也时起时落，但玉石的市场价值主要取决于玉石的文化价值等因素。在此列举几种玉石来分析。

翡翠

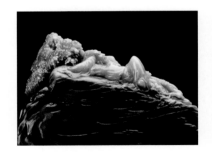

枕石听涛（翡翠）

刘东作品

翡翠在中国几千年的玉文化中，只是近代的后起之秀，如今却已占有不可或缺的地位。缅甸是翡翠的主要产地。翡翠以它深邃晶莹的质地，迷人娇艳的色泽，蕴涵着神秘东方文化的灵秀之气，从而有着"东方绿宝石"的美誉，被人们奉为最珍贵的宝石。历史上最喜欢翡翠的名人莫过于慈禧太后了，她对

唐八骏
黄文中作品

自得其乐（翡翠）
刘东作品

翡翠的钟爱达到了几近疯狂的程度，在她居住的长春宫里随处可见各种翡翠用品，饮茶用的是翡翠盖碗儿，用膳使的是翡翠玉筷，头发上插的是翡翠簪子，耳朵上挂的是翡翠耳环，手指上戴的是翡翠戒指，手腕上戴的是翡翠手镯，手里经常把玩的是翡翠把件，传说天天最让她惦记的是翡翠西瓜。

从 20 世纪 80 年代到 90 年代末，翡翠价格稳步上涨。相对而言，从 2000 年到 2012 年，顶级翡翠价格涨了上百倍，乃至上千倍。2013 年进入高峰，而且涨价的幅度是越来越大，品相较好的满绿玻璃种，现在其价格已经接近天价。

黄金有价玉无价，翡翠为什么有今天这样的市场？一方面，翡翠的原料面临枯竭的危险；另一方面，翡翠的颜色是所有宝石中最变化无常的，与三原色相同，翡翠颜色也有它的基色，绝大多数由两种或多种基色混合而成，这就是翡翠的独特魅力。翡翠艳绿而不炫耀、润泽而不夺目的特质非常符合中国人含蓄、内向的性格特征，这也是中国人一种特有的文化。

和田玉

和田玉产自号称"万山之祖"的昆仑山中，风化崩落后躺在冰冷的河床里不知多少年，但它们一出水便引来商家趋之若鹜，几经倒手后，身价也狂飙几十甚至上百倍，这就是被称为"软黄金"的和田玉。

和田玉价格上涨肇始于 20 世纪 80 年代初，恰好和改革开放同步，"乱世藏金，盛世藏玉"，所有的和田玉收藏者都认为，正是改革开放的盛世，给和田玉带来了这波好行情。和田玉从新石器时代开始就被人们喜爱和珍藏，其历史已有数千年。可当今和田玉资源枯竭，尤其是籽料，更是到了一石难求的地步。中央电视台曾报道说，出产上等玉的玉龙喀什河一带因疯狂挖掘，河道都改变了，来自全国各地的采玉人有数万之众，可谓是人山人海，不仅有外地人，当地人也撇下生计，扛着铁锹加入了采玉大潮。在中国博大精深的和田玉文化背景之下，和田玉的价格一直持续上涨，而且涨幅相当惊人，被称为"疯狂的石头"。

黄龙玉

黄龙玉，又称龙黄石，产自云南保山龙陵，是 2004 年被发现的新玉种。黄龙玉价格波动来势迅猛，瞬间崛起而又迅速陨落。猛速发展起来的原因离不开中国博大精深的玉文化，黄龙玉的主色调为黄色，接近田黄的颜色，因此它依靠的文化主体

古道佛影（黄龙玉）

刘东作品

在于中国的石帝——田黄。而在玉石的海洋里，其玉质本身没达到美玉上乘之列，在中国的玉文化历史中没有深厚的文化积淀和根基，也没有历史传承，所以出现了一段时期的膨胀，昙花一现，一闪而过，最后只是在玉石市场中留下了一个价格的影子。

绿松石、青金石、水晶

绿松石、青金石、水晶等其他中低档珠宝玉石的价格，先后也在玉石市场上跌宕起伏。

绿松石是我国"四大名玉"之一，被视为神秘、避邪之物，深受古今中外人士的喜爱。早在新石器时代就被先民制成装饰品广泛运用，在玉石文化中占有重要地位。仰韶文化遗址中曾出土两件绿松石制成的 28 厘米长的鱼形饰物。自新石器时代以后，历代文物中均有不少绿松石制品。在清朝时，绿松石被称为"天国宝石"，有吉祥的寓意，成为进献皇室的贡品。最近几年，绿松石突然成为玉石收藏领域的"红人"，价格涨了三四十倍。

青金石早在 6000 年前即被中亚国家开发使用，在我国出现则大约在西汉时期，当时的名称是"兰赤"、"金螭"、"点黛"等。据《清会典图考》载："皇帝朝珠杂饰，唯天坛用青金石，地坛用琥珀，日坛用珊瑚，月坛用绿松石。"近代著名的地质学家章鸿钊在《石雅》一书中写道："青金石色相如天，或复金屑散乱，光辉灿灿，若众星之丽于天也。"故古人尊青金石为"天石"，用于礼天之宝。在古代，入葬青金石有"以其色青，此以达升天之路故用之"的说法，多被用来制作皇帝的葬器。

龙龟（绿松石）

黄文中作品

现在保存在北京故宫博物院的清宫藏品中，青金石雕刻品不及百件。最近几年，青金石的价格上涨得很快，前年花几百元买的青金石手串，如今已经涨到了几千元，短短的两年时间里，青金石的价格翻了数倍。

水晶很早就被人类利用。早在50万年前，北京的周口店人就开始利用水晶石制作工具，从周口店古人类遗址中发现有大量用水晶石制作的石器就是例证；距今2.8万年前的山西峙峪遗址，就出土过一件水晶制作的小石刀和一件由一面穿孔而成的石器装饰品，显然那时人们就会利用水晶来雕琢装饰品；距今6000年前河南新郑沙窝里石器遗址中，发现有水晶刮削器和水晶饰品；距今约5500年的红山文化遗址中出土了水晶制作的凿、斧、坠；在内蒙古林西沙窝子出土的细石器有多件水晶制品。经过数千年的演变，到了春秋战国时期，水晶制品渐多，而且多为信物和吉祥物，用于朝觐、盟约、婚葬、祭祀等。如湖南资兴旧市出土的26块水晶属春秋战国早期；山西长治分水岭出土的水晶珠属战国中期；山西长子羊圈沟出土的水晶珠属春秋战国晚期；到了汉代出现了水晶制作的璧、环、玦等；汉武帝把雕刻的水晶盘赐给宠臣董偃；宋代有了水晶茶盅；元朝设立专门机构采集水晶及制作器皿；到了清朝则把水晶制成印章，缀穿成朝珠，还作为顶戴花翎上的顶珠，用以显示帝王将相的威仪，官场的权势等等。近年来，在各类珠宝玉石市场中，水晶消费的比重明显上升，甚至有逐步升级的趋势。

碧玺

碧玺又称为电气石，是一种非常漂亮的宝石，颜色多样而且透明度高，其产地分布很广，现在市面上的碧玺多数都产自巴西，此外，斯里兰卡、缅甸等国家也有出产。明朝初期，斯里兰卡国王向明朝皇帝进献方物和宝石，其中就包括这种珍贵的碧玺。"碧玺"这个名称在中国最早出现在清代典籍《石雅》之中，在其他的历史著作中，也有"碧洗""璧玺""玺灵石"等称呼。在清代，碧玺是权力的象征，用于制作官员的顶戴花翎及其朝珠。特别是慈禧太后时代，碧玺在中国受到了前所未有的重视，据故宫史料记载，仅从1900庚子事变年到1908慈禧归天年的这8年间，慈禧太后几乎每年都让宫廷造办处到美国圣地亚哥采购几吨各色碧玺，其中尤以粉红色碧玺居多。清末大太监李莲英之侄李成武所著的《爱月轩笔记》记载了慈禧死后陪葬物品的情况：慈禧太后"脚蹬碧玺莲花，重三十六两八钱，估值七十五万两。碧玺近年价极低，然是物大者难得。今若有此物，虽不值钱，亦将合七百元一两也。"此外，慈禧太后的金丝锦被也镶嵌有很多碧玺。目前国人受清代宫廷宝石文化的熏陶和影响，对碧玺文化的认知度比较高，碧玺的消费市场也比较活跃，近几年逐渐在各大珠宝展上"崭露头角"，频频出现在人们的视野中，成为珠宝界的新宠儿。同时，中国人对蓝色宝石也是情有独钟，随着蓝宝石价格的大幅上涨，使得幽蓝透彻的坦桑石也成为珠宝消费者的抢手货，其珍贵度仅次于高品质的蓝宝石和祖母绿。

民族少女

南红玛瑙

　　南红玛瑙的价格刚开始起步时是稳定的，仅仅一年左右的时间，就加快了涨价的步伐，最后的涨价速度简直像短跑比赛

瑞兽

那样疯狂，而且是涨价持续时间长、幅度大、间隔小。南红玛瑙为什么会有这么风风火火的市场？所有的玉石都走向市场的平稳，而南红玛瑙在市场上一直走高，独树一帜呢？是因为我们中国人自古以来对红色有一种血脉里、骨子里、基因里的喜欢和爱。同时，中国人对红色这种渴望是淳朴、真实的。

明朝地理学家徐霞客游历考察到保山的时候，在游记中这样写道："玛瑙山……其山皆马氏之业。"众多史料证明，从明中期开始至清晚期，保山一直源源不断地向朝廷进贡南红，清中期尤盛。南红不仅成为官员顶戴花翎上的珠饰，还成为皇帝经常把玩的随身之物。由于南红资源历来稀缺，清末之后，南红进入了长达一百多年的沉寂时期。

近些年，随着市面上的老南红越来越稀少，传世的收藏级南红物件也就逐渐从历史长河中消失了，因此有一些痴迷南红的人走进了神秘的大山去寻宝。在 2008 年年底，云南保山南红再度被开采上市，这种红色的美玉，古代都是在皇家贵族和文人雅士之间流传，而没有进入民间社会。现在南红的回归，其艳丽的红色契合了中国人崇尚红色的习俗，温润的质地也满足了国人对珠宝首饰的审美需求。据中央电视台财经频道《中国财经报道》节目报道："这几年有一种石头价格涨势非常迅猛，5 年时间价格涨了 100 倍，它的同比涨幅远超名人字画和房地产，更别提股票和黄金了，它就是南红。"其实这就是南红价值的回归。南红收藏者越来越多，南红拥有这样的美好前景，是历史的巧合，也是历史的必然。南红走红，除了历史积淀，还离不开文化积淀。它的历史要追溯到战国时期的红玛瑙，甚至更早，因此，南红是有历史、有文化的。同时，这一抹艳丽的红，除了南红，天然的玉石里还真没有，中国传统的红色在南红身上可谓发挥到了极致。

财神

欢喜佛

观音大士

螭龙

道法自然

西方三圣

大鹏展翅

二 南红的收藏与未来

　　近年来，收藏级别的南红作品又重新回到文玩市场，收藏家和投资者纷纷转战南红，南红市场似乎掀起了一股红色风暴，让人怦然心动。

　　从投资角度来说，名家亲工作品是首选，无论是南红玛瑙还是其他玉器，名家亲工作品永远是稀缺的，升值空间也最大。其次是名家工作室作品，名家工作室作品多由名家设计把关，由工作室人员雕刻，相比普通作品保值升值空间比较大。

　　从收藏角度来说，质地优良、颜色纯正鲜艳的南红玛瑙，无论是成品还是原石都值得收藏，但需要相当的收藏知识和鉴赏能力。

　　在南红新品的收藏中，高级别的南红藏品一定要具有完整性，充满伤裂的器物认可度低，在收藏过程中也很容易破损。南红之所以珍贵，关键在于其天然形成的红色。此外，材料的稀缺性和出材率极低也使南红更为珍贵。

　　玉石界流行一句话：一红二白三绿。一红指南红，二白是和田玉，三绿是翡翠。由此可见，南红已经与和田玉、翡翠形成三足鼎立之势。今天的南红玛瑙，作为一种不可再生的资源，其收藏价值将越来越高，我们坚信，南红作为"中国的红宝石"，其未来一定有着梦幻般绮丽美好的火红前景！

双骏图

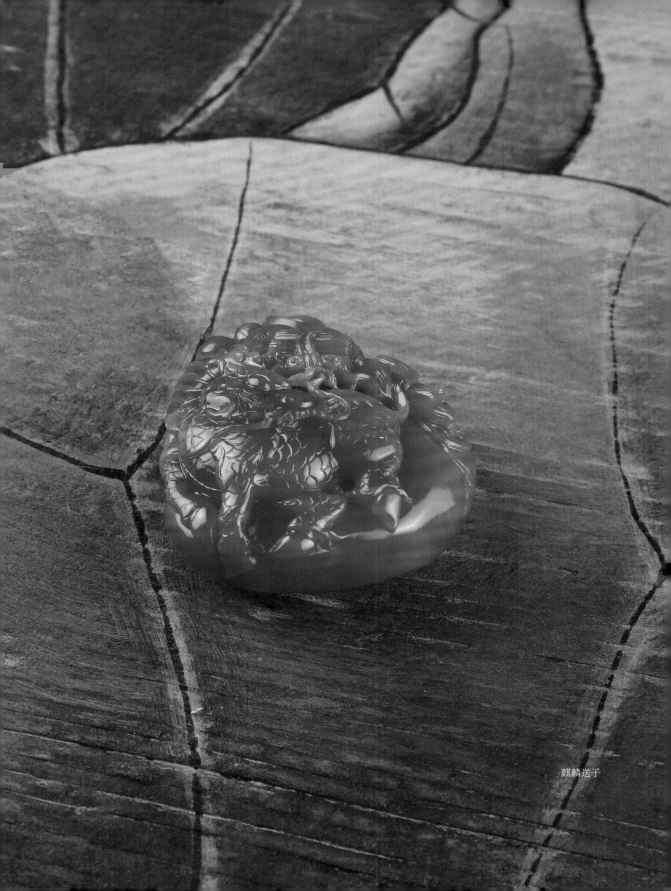

麒麟送子

龙行天下

第六章　我与南红的深厚情缘

孙力民

一 我在古玩行的那些年

收藏古玩，既是我的爱好，也是我的事业。

我收藏古玩很多年，收藏种类五花八门，瓷器、字画、翡翠、南红、青铜器、象牙、老家具、老匾等等。有人说我是古玩行里的一位多面手，还有人说我是个传奇式的人物。其实只是我的人生经历多一些，收藏古玩的时间早一些，收藏之路艰辛一些罢了。

1993 年，我还不到 17 岁，就独自一人来到古老而又陌生的北京城，当时既没有远大的理想，也没有奋斗的目标，仅仅只是为了生计能混口饱饭，为了找到一份适合自己的工作，多次求职屡屡碰壁，无奈之下，投奔我一个远房的大伯，大伯他喜欢古玩，经常去潘家园摆摊淘货。每到周末的凌晨，少年的我便从睡梦中爬起来，揉揉蒙眬的双眼，简单收拾之后，背上家什儿，跟随大伯去潘家园摆摊，漆黑的夜空，除了偶尔传来一两声狗的吠叫，便是树枝的摇摆声。

当时的潘家园不是很大，最早称古玩市场，也就是人们所说的"鬼市"，后来改称旧货市场。紧挨着大伯摊位的是位老

潘家园市场

先生，在潘家园古玩市场里是大家公认的行家里手。这位老先生看我有悟性，为人又忠厚，便决心收我为徒。经过一段时间的跟随考验，老先生又毅然将我收为义子。老先生的技能精湛、眼光独到，每次到古玩市场，摊上的物件眼光一扫，便心中有数，物件成交拿回家后，老先生就用物件给我现场讲授鉴别老古董的要领与方法，让我仔细琢磨、认真研究。还教会了我很多杂项的实用鉴别知识。现在每当想起师傅时，我的心情是喜悦的，但更多的是尊敬和感激。

那会儿在潘家园摆地摊的人，年龄基本上都在 40 到 50 岁，甚至还有一些 60 岁以上的老人，可以说，根本见不着像我这样十几岁的孩子。别的孩子像我那么大的时候还在上学，而我每天披星戴月，早起晚睡，凌晨三点半就要去潘家园抢摊位。因为那时候的摊位不是固定的，抢到哪就是哪。为了生计，那时候还要和"背包客"一同去天津的沈阳道、上海的城隍庙、沈阳的故宫后院、西安的城墙根、山东的德州、广州的带河路等古玩市场闯"世界"。去外地闯更是不容易，记得有次去上海，货没了、钱丢了，连回北京的路费都没了，最后没办法，只好蹭车，到了北京后，出站被查无票，人被扣留在车站，只好托朋友拿钱去接我。

我每天摆摊最怕的是身边没有熟人，担心丢货，一整天都不敢去厕所，那个难受的劲儿，一般人是绝对体会不到的。可谁又晓得，最艰苦、最难熬的是冬天摆摊。北风怒号，寒风刺骨，就连路旁的小狗都缩紧了身子。我就裹着一件破旧军大衣，忍受着凛冽的北风呼呼地刮过，我使劲地把军大衣往紧里裹裹，可那风还是一个劲儿地往胸口灌，寒气直侵入骨头，然后慢慢地在身体内扩散，好像整个人马上都成了冰块。有时候，我在冰天雪地里从早到晚坐一天，浑身冻得麻木又僵硬，却没有一分钱的收入；有时运气好，千辛万苦盼来一个小活，给顾客穿串，我两手冻得又红又肿，厚厚的像个熊掌，手里拿着线一个劲地哆嗦，一点儿都不听使唤，孔眼对不上，针线又穿不进眼，只能一边哈着气一边穿，还要对等待的顾客说客气话：您再等等，快穿好了。穿个串，就为了挣这十块八块的，有时候要用一二个小时，顾客还不满意。现在回忆起那时，也不知道是怎么坚持下来的！

夏天摆摊的时候好点，在天津沈阳道的小停车场内有棵大树，大家为了躲开太阳升起后火辣辣的照射，每天凌晨就去拼命抢那棵树下的摊位。现在想想那个时候人也傻，干吗不买把遮阳伞呢。收摊后晚上都住小旅馆，一个屋里住8到10个人，上下铺，8块钱一张床，有时白天卖点货挣了点钱都得藏在枕头下面或者内裤上自己缝的小口袋里。就这样还害怕丢，经常折腾到半夜都睡不着。屋子里多半都是干这行的，到了晚上，大叔、大爷们就买点花生米、散装二锅头，聚在一起喝着小酒，嚼着花生米山南海北地闲聊。那时候我年纪小，不会喝酒，就帮他们倒酒。老话讲：喝酒之人不藏话，他们就给我讲了很多实用的古玩知识。不管聊得有多晚，第二天凌晨三点多钟，大伙儿还是要去抢地占位。1994年到1999年，在全国各地摆地摊的那6年时光是痛苦又快乐的。

20世纪90年代中期，潘家园古玩市场扩建变成两个交易大棚。90年代末，两个大棚又变成现在的四个大棚，当时潘家园市场上的老东西是越来越少了，这段时间我就南下去了广州发展，学习陶瓷工艺和树脂工艺。在广州闯荡了几年之后，我又回到北京潘家园办起了树脂工艺品制作厂，生产和销售树脂工艺品。在这之后的几年时间里，我慢慢地又把挣的钱投资到古玩里，那时别人都买老古董，我就专挑清晚期、民国的买，基本都是同治以后的瓷瓶。

2003 年，北京的古玩市场很不景气，我离开北京再次去了广州开陶瓷厂，这段时间我学会了整个烧瓷的工艺流程，还学到了很多陶瓷知识。一直到 2009 年回到北京，又进入古玩行，从经营琥珀开始，之后改为经营阿拉善玛瑙，再后来是碧玉，最后进入南红。在经营阿拉善玛瑙期间，我曾受北京电视台生活栏目组邀请作了一期宣传玛瑙知识的节目。

通过这十几年的不断探索，我不但在各个领域取得了成功的经验，还对珠宝玉石界有了深入的了解和认识。我领悟到玉石的魂就是中国历史悠久的玉文化，而每个物件就是传播这种中华文化的载体！

二 物件是文化传播的载体

西方三圣

南红，是我今生的知己；更是我今生的挚爱！

我和南红结缘是因为我的父亲。20 世纪 80 年代，我在上小学，父亲在当地的一家工艺美术厂工作，我经常放学之后去他厂子里玩，当时厂子里就生产红玛瑙，那时候听父亲讲，有一种云南出产的天然红玛瑙是最好的红玛瑙。从此，我就与南红玛瑙结下了不解之缘，父亲的这句话一直在我心中回荡，成了我一生孜孜不倦、执着追求的动力。

正是由于我儿时与南红的不解之缘，再加上这些年在古玩市场摸爬滚打的经验，促使我把全部的积蓄都投进去，正式进

孙力民在鉴赏南红把件

入南红市场。身边很多人告诉我，南红玛瑙不能做，有风险，但我凭借在古玩市场十几年的经验，决心做下去！开始我先试着去保山当地买回来一些原石，带到苏州请人雕刻，当时谁都雕不了，因为它既不适合做雕件，也不适合做摆件。后来我就想办法，做小的物件试试，于是开始做珠子、戒面、首饰，做了一段时间，市场不太好，记得2011年上半年雕的一个"人生如意"摆件，6000块钱都没人买，等到2013年卖了16万，这种价值，它是一种玉文化的回归，并不是靠某种炒作炒起来的。不管买什么东西，人们都是以美为选取标准，不好看就不会有人买。南红玛瑙的颜色很美，跟国际色卡里的中国红很接近，并且南红玛瑙不雕琢，材料上也很美。

我既然喜欢南红、热爱南红，我就要懂得南红、了解南红。所以，我下了很大的功夫翻阅历史文献，从渊源上寻求、研究，甚至多次去滇红的发源地——云南保山去考察。我前后一共去了保山六次，其中有三次带了北京电视台摄制组去作南红玛瑙的专访。2012年和2013年我在北京电视台财经频道做了两期电视节目，《南红诱惑》（上、下两集）和《南红出山》（上、中、下三集）。其中，我把南红文化的回归做了详细解释，让大家对南红的历史有了一定的了解，也把曾经失去的一段历史文化找回来进行了对接，让后辈人把这个文化传承下去。或者说，我就像一个火箭推进器一样把南红玛瑙推出来，做完南红玛瑙传承推动工作之后，我的任务就终结了，后面传承文化的事情就靠大家了。但让我没想到的是，电视台播出的几期南红玛瑙文化专题的视频节目，影响到许多城市、许多人。

在2014年"中国国际珠宝展"展会上，我在各个展馆采风时，有几个南红玛瑙摊位的个体老板拦住我说：我们在电视上见过你，我们从事南红生意就是受了你的影响。谢谢你为我们指出了一条火红的南红之路。可见，一个正能量的影响是会产生无形的巨大力量。

2014年"北京（秋季）国际珠宝展"结束的前一天，参展的一位保山南红经营者龙浩先生，当着保山同乡与朋友的面，拉着我的手说：当年，乾隆皇帝也只是三下江南，而你是六上保山，并且还三次带着电视台进山拍片子，这为推动和传承我们保山的南红文化付出了艰辛，作出了贡献，我们保山南红能

寿星

孙力民与中国文化信息协会会长黄河浪的合影

孙力民与玉石界泰斗杨伯达在探讨南红

有今天火红的局面，全是你的功劳，我们保山的民众不会忘记你。

　　特别值得一提的是：在"首届中国（烟台）珠宝玉石文化高层论坛"会上，中国玉石界泰斗杨伯达老师与我交谈数次，夸赞我踏实好学，还情不自禁地对参会代表宣布：收我为义孙。

　　改革开放带来了很多西方人的文化，但其精华部分都被我们汉文化融合、消化，这就是中华民族"厚德载物""有容乃大"的包容精神。但中国人的基因还是偏向、独钟于自己的文化，永远不会去传承别人的文化，即使曾经失去的文化，最终还是会找回来并传承下去。文化根基在哪，它的市场体系就在哪。和田玉的产地在新疆和田，但它的文化根基在中原，是我们的中国文化让这块河流石变得光芒四射，名扬海内外的，南红玛瑙也是如此。

孙力民在保山参观南红加工厂

孙力民在珠宝玉石论坛会上论南红

　　我爱南红玛瑙，是因为它美丽，有内涵。采天地灵气，吸日月精华，经过几千年，甚至几万年的修行，展示出自己内在的美丽。没有阳光照射的时候，它是暗淡的。但在阳光下，它就会由内向外释放出柔和的光芒和纯天然的磁场，与其他玉石有着显著的不同。其他玉石鲜亮光明、光泽外射，而南红却是真正的精光内敛，这种光泽不是外在的显露，而是内在的含蓄，这是一种玉的质感。它更像个温文尔雅的君子，和你我之间的一种沟通和交流。"谦谦君子，温润如玉""君子无故，玉不去身"。中国的玉石讲究内涵，这就是中国的玉文化，是中国人独有的一种文化。所以，南红文化的回归是必然的，它不只有经济价值，更有影响的是它的文化价值，只有具有深厚的文化价值才会传承下去。

　　物件是文化传播的载体！真正的传承是什么，就是物件。

中国的玉文化都是有吉祥寓意的，老辈人珍藏的物件流传下来，就是在传播着玉文化，当没有物件的时候玉文化就很难传承下来了。南红物件的出现，同样让我们把曾经失去的文化历史找了回来，知道了什么是南红文化。南红文化是因西藏密宗文化中的佩饰，而把南红玛瑙带到了中原，并广泛传播，这就是物件的力量，就是西藏南红老勒子、南红挂珠的功劳。老料卖完了，就有人去琢磨新料，这也是在传播南红文化。所以物件承载着文化的传播，没有这个载体，所说的文化都变得很虚渺，华而不实，也就失去了文化本身。

我认为南红玛瑙的价值在未来还能更上一个台阶，当年我敢去做南红玛瑙，不是在赌，而是那种对玉石市场的敏感性告知我将来它能够升值，因为我看到南红玛瑙有文化根基。所以我一再强调：现在要做的就是把南红文化传承下去，让它不要出现文化断层。

三 这些年的一点收藏心得

最早的收藏不是在古玩市场淘货，而是去破烂市场，收到东西后，再去卖给古玩商，当时基本都是老东西，现在的古玩市场真东西太少了，假货太多，很多人都容易上当，行里最早拜师学艺的人也基本没有了，现在做古玩的大部分都是商人，为了挣钱，从别的行业转过来的。1996年到1999年这三年时间，我认识了很多古玩行里的人，见过很多老东西，也学到了丰富

山子

孙力民

的古玩知识，深刻体会到只有见过无数的老东西才能辨真假，实践出真知嘛，所以，真正的古玩界的行家里手还是民间的多。每次谈到捡漏收藏时，我总是一再强调：要有丰富的经验、要有眼力、要有缘分。

总之，学习古玩，一定要看实物，这样水平才能上升得快，这个眼力，也不是一天两天就能练成的，没见过老东西怎么能靠直觉判断是不是老的？古玩行业没有"大概"、"可能"这些词语，只有各个条件都具备了，才能判断是不是老的，这就是古玩行的规矩。我想告诫藏友：要多看一些好书，还要上手真东西。书中的术语只是一种词语表达，和现实中的实物是不一样的，不上眼是感觉不到的，老东西的那种感觉是莫名其妙的，用语言表达不出来的，师傅言：可意会，不可言传，就是这个道理。所以我在此提醒大家：一条收藏的道路，不一定非要玩老的，新的也是可以收藏的。今天你喜欢，收藏百年之后，也就变成老的了。诸位切记：没有百分之百的把握，千万不要去碰老的东西，玩玩新的，有科学依据的，日后都可以传承，这也是一个很好的投资方式。

时隔百年，南红以新的姿态回归，王者归来，势不可当。随着中国经济发展水平的快速提高，人们对收藏的热衷，我认为作为一个珠宝玉石业内人、一个中国人，应该有责任把自己的传统文化继续发扬和推广下去。因此，物件是文化传播的载体，传承一个物件的时候就是在传播一种文化。而我就像一个火箭助推器似的把南红玛瑙推出来，后面传承文化的事情就靠大家了！

密宗不动明王

后　记

　　《南红》一书在众多朋友的关心与帮助下，几经波折，总算完成了，这是我对南红的一种喜欢、一种热爱。我作为一个南红人，现在要做的就是传承和推广南红文化，让它不要出现文化断层。

　　在我编写《南红》一书的过程中，曾得到赵凯、张博伟、冯裕明、陈在兵、胡飞燕、陆平、张一、李剑琦、徐晶、尚佩嘉等人士的帮助，还得到良君阁文化发展（北京）有限公司和北京十里河南红源珠宝城的大力支持，在此机会，表示衷心的感谢！

　　在《南红》一书即将出版之际，让我们永远记住并感谢那些为南红重新出山、为南红文化回归做出贡献的著名人士：

　　张博伟、王斌、陈海龙、田常亮、刘春涛、刘一、冯裕明、陈在兵、李来涛、邢新立、李文雅、彭依娜、杨建明、王宁、杨吉、赵凯、龙浩、钱光平、赵剑华、祝立业、赵文刚、邓凌、施四立、彭圆顺、左光、王自柱、蒋云峰、孙敏、周君亮、丁在煜、赵靖玥、罗光明、黄文中、豆中强、刘东、李仁平、肖军、李忠文、曾朝志……

　　南红玛瑙，古代先民称之为"赤玉"，当今国人称之为"中国红玉"，外国人称之为"中国的红宝石"。对于南红的发展前景，我充满信心，相信在不久的将来，南红会走向新的高度，不仅红遍中国，最后还将以一种新的中国时尚元素进入世界珠宝界。

竹林大士图
肖军作品

中国文化信息协会
南红文化专业委员会简介

中国文化信息协会南红文化专业委员会于 2015 年 2 月 6 日正式成立。中国文化信息协会是中华人民共和国文化部主管、民政部批准成立的国家一级社会团体组织。南红文化专业委员会为国家二级社会团体组织，活动地域为全国。

南红文化专业委员会主要业务范围：弘扬传承南红文化、开展南红文化学术交流活动、展示南红文化艺术交流成果、举办南红文化雕刻艺术展、拓宽南红文化信息资源渠道、组织南红文化雕刻艺术评比、编辑出版南红文化会刊和南红文化成果出版物。

委员会为了更好地促进中国南红文化专业的发展，把全国各地热爱和支持南红的有识之士组织起来，从事中国南红文化信息传播，开展南红文化研究讲座、南红文化艺术鉴赏评估、展览展示南红艺术作品，进一步推动更广泛的合作，推进南红事业的蓬勃发展。

地址：北京市朝阳区十里河家具大道临 11 号南红源珠宝城 3 楼
电话：010-67278154
邮箱：nanhongxiehui@126.com
网址：www.nanhongwenhua.com

山子

附录二

中国文化信息协会
南红文化专业委员会成员名单

（以姓氏笔画为序）

主　　任：孙力民

名誉主任：龙浩、刘一、李自强、杨福武、赵纯辉、
　　　　　赵剑华、祝立业

顾　　问：马兰杰、王曙光、孙敏、李忠文、沈红心、
　　　　　赵伟光、胡志国、唐娟、游理宗、蔺佳

艺术顾问：刘东、刘延风、豆中强、李仁平、肖军、
　　　　　罗光明、荆为平、黄文中

副 主 任：王斌、王宁、冯裕明、张博伟、杨吉、
　　　　　杨建明、周君亮、曾朝志

秘 书 长：胡飞燕

副秘书长：陆平（常务）、张一（执行）、
　　　　　马其芳、王楠、王荣浒、王长国、尹杰、邓凌、
　　　　　田长亮、邢新立、刘春涛、陈在兵、陈重阳、
　　　　　陈海龙、李来涛、赵凯、赵文刚、施四立、夏峰隆、
　　　　　徐军、席仕宴、蒋云峰

理 事 长：陆忠宪

副理事长：朱刚、罗顺华、施展、彭依娜、蔡维

理　　事：王子豪、刘雷、谢全胜

图书在版编目（CIP）数据

南红 ／ 孙力民著. -- 北京 ：中国友谊出版公司，2015.5

ISBN 978-7-5057-3527-9

Ⅰ．①南… Ⅱ．①孙… Ⅲ．①玛瑙－鉴赏－中国 Ⅳ．①TS933.21

中国版本图书馆CIP数据核字(2015)第090131号

书名　南红
著者　孙力民
出版　中国友谊出版公司
发行　中国友谊出版公司
经销　新华书店
印刷　北京奇良海德印刷有限公司
规格　787×1092毫米　16开
　　　12.5印张　146千字
版次　2015年6月第1版
印次　2015年6月第1次印刷
书号　ISBN 978-7-5057-3527-9
定价　138.00元（精装版）
地址　北京市朝阳区西坝河南里17号楼
邮编　100028
电话　(010) 64668676